智能家居虚拟仿真系统开发与应用

林剑辉　编著

北京邮电大学出版社
www.buptpress.com

内容简介

程序设计是中职物联网专业的核心课程之一,然而当前中职物联网专业的程序设计教学缺乏适合的教材,许多学校还采用传统的程序设计教学模式,这种教学模式对于英语和数学基础比较薄弱的中职学生来说非常艰难。本书系统地阐述了作者自主研发的智能家居虚拟仿真系统的基本结构以及开发流程,在教学过程中将开发智能家居管理系统作为贯穿整个课程的实践项目,并将程序设计的知识点融入其中。另外,本书将程序设计课程与物联网专业综合实训课程无缝对接,以此促进中职物联网专业程序设计教学的革新。

本书提供了详尽的教学实例,适合中职物联网专业的教师和学生参考使用。

图书在版编目(CIP)数据

智能家居虚拟仿真系统开发与应用 / 林剑辉编著.
北京:北京邮电大学出版社,2024. -- ISBN 978-7-5635-7412-4

Ⅰ. TU241-39

中国国家版本馆 CIP 数据核字第 20249JU842 号

策划编辑:姚 顺　　责任编辑:王小莹　　责任校对:张会良　　封面设计:七星博纳

出版发行:北京邮电大学出版社
社　　址:北京市海淀区西土城路 10 号
邮政编码:100876
发 行 部:电话:010-62282185　传真:010-62283578
E-mail:publish@bupt.edu.cn
经　　销:各地新华书店
印　　刷:保定市中画美凯印刷有限公司
开　　本:787 mm×1 092 mm 1/16
印　　张:11.5
字　　数:277 千字
版　　次:2024 年 12 月第 1 版
印　　次:2024 年 12 月第 1 次印刷

ISBN 978-7-5635-7412-4　　　　　　　　　　　　　　定　价:55.00 元

· 如有印装质量问题,请与北京邮电大学出版社发行部联系 ·

前言

物联网作为信息科技产业的第三次革命,是一个融合了互联网、传感器、无线通信等多种技术的新型领域,正以前所未有的速度改变着我们的生活和工作方式。国家高度重视物联网并将其作为新兴战略性产业,对其进行大力扶持,这使得物联网产业蓬勃发展,一系列的政策红利和资金投入为物联网的创新和应用开辟了广阔的道路。随着 5G、大数据、人工智能等新技术的深度融合,物联网的应用场景将更加丰富,从智慧城市、智慧医疗、智慧农业到工业自动化,都将产生大量的就业机会,为未来的科技革新和经济增长培育关键力量。

在教育领域,各高校及中职学校纷纷申报物联网专业,并将其列为热门专业,投入大量资源进行建设;不仅在课程设置上紧跟行业发展趋势,如设置物联网技术基础、数据处理、云计算、人工智能等相关课程,还积极建设实验室,引入先进的设备和软件,为学生提供实践操作的平台,以期培养出具有创新精神和实践能力的物联网专业人才。

在物联网专业的课程设置中,中职学校通常依据物联网的三层架构来规划相关课程。感知层涵盖"物联网传感器技术""电子电工技术"及"物联网技术基础"等课程;网络层包括"网络设备安装与调试""计算机网络基础"及"网络操作系统"等课程;应用层聚焦于"C♯程序设计""App Inventor""动态网站""人工智能"及"微网站设计"等课程。综合实践课程(如"物联网工程实训"及"智能家居安装与调试"等课程)则旨在整合三层架构的知识体系,提升学生的综合应用能力。

程序设计是中职物联网专业的核心课程,在当前中职物联网专业中,缺乏合适中职学生的程序设计教材。传统的程序设计教学模式仅聚焦于枯燥的基本语法,极大地削弱了学生的学习兴趣,并与物联网应用脱节。

本书通过分析中职物联网专业课的教学实践,发现物联网三层架构涵盖的各课程间缺乏项目联系,存在严重的教学脱节问题。经过深入分析与研究,为确保课程的知识点与物联网综合实践课程紧密衔接,本书提出以智能家居虚拟仿真系统为测试平台,以开发智能家居管理系统作为贯穿始终的教学项目,实现程序设计课程与物联网综合实训课程的有机融合。在程序设计课程中,学生通过自己设计的智能家居管理系统能够直观、形象地操控自己搭建的智能家居虚拟仿真系统,更好地了解智能家居的运行机制,进而理解物联网三层架构的工作原理。

本书阐述了一款作者自主研发的基于 B/S 架构的智能家居虚拟仿真系统的结构原理及研发过程。该系统为学生提供自主搭建虚拟智能家居的实践测试平台,从而促进学生对程序设计理论知识的理解和应用。在中职物联网教学中,以智能家居管理系统作为教学项目的核心,将课程知识融入其中,应用智能家居虚拟仿真系统为学生提供更贴近实际的学习内容、方式及测试平台。智能家居管理系统能够实现对智能家居虚拟仿真系统的控制,让学生如同真实操作家居设备一般,从而极大地激发学生的学习兴趣和热情。此外,智能家居管理系统在物联网综合实训课程中使用真实硬件设备时亦可实现无缝对接,进一步提升了学生的实践能力和综合素质。

本书旨在为中职物联网专业的教师和学生提供一本实用的教学参考书,通过引导学生利用智能家居虚拟仿真系统进行实践操作,使学生能够深入理解物联网三层架构的工作原理,并掌握程序设计的核心技能。同时,本书还希望通过设计智能家居管理系统这一教学项目,为学生创造更为真实的学习环境和更为有趣的学习体验,从而激发学生的学习热情和创造力,提升中职物联网专业程序设计课程的教学质量和教学效果,为培养优秀的物联网人才奠定坚实基础。作者在广州市南沙区岭东职业技术学校经过多年的教学实践检验发现,学生在使用本书设计的 IOT 类库后,能够迅速调用相关函数自主设计出智能家居管理系统。该系统不仅能够访问和控制智能家居虚拟仿真系统,还可实现对真实硬件系统的操控。这一教学模式将程序设计与物联网综合实训课程紧密融合,使学生在无硬件环境的情况下亦可进行物联网应用层的开发、调试工作。通过将枯燥的程序设计知识点融入实际项目中,这一教学模式成功改变了传统程序设计课程的教学方式,培养了学生的物联网思维,提升了学生的学习兴趣和学习效果。

作　者

目　　录

第1章　智能家居虚拟仿真系统设计与开发 ························· 1

1.1　系统开发与应用的研究背景 ································· 1
1.1.1　虚拟仿真系统在教育领域的发展前景 ····················· 1
1.1.2　虚拟仿真系统的教学应用 ······························· 2
1.1.3　智能家居虚拟仿真系统的设计理念 ······················· 3

1.2　系统的基本架构 ··· 4
1.2.1　功能结构 ··· 5
1.2.2　模块结构 ··· 6
1.2.3　语言结构 ··· 9
1.2.4　数据库结构 ··· 10
1.2.5　前端结构 ··· 13

1.3　前端界面设计 ··· 13
1.3.1　界面布局设计 ··· 14
1.3.2　阿里云三元组界面设计 ································· 17
1.3.3　家居空间添加界面设计 ································· 19
1.3.4　模块设备添加界面设计 ································· 21
1.3.5　设备编辑界面设计 ····································· 22
1.3.6　帮助文档界面设计 ····································· 24
1.3.7　前端功能代码设计 ····································· 26

1.4　后台结构 ··· 39
1.4.1　模块设备列表 ··· 39
1.4.2　设备数据 ··· 40
1.4.3　空间数据 ··· 40
1.4.4　添加设备 ··· 40
1.4.5　添加空间 ··· 41

        1.4.6　删除模块设备 ……………………………………………………… 41

        1.4.7　设置阿里云三元组 ………………………………………………… 42

        1.4.8　设置设备值 ………………………………………………………… 43

        1.4.9　查询特定设备值 …………………………………………………… 44

第 2 章　中职物联网程序设计课程革新实践 ……………………………… 45

    2.1　中职物联网专业课程体系 …………………………………………………… 45

        2.1.1　智能家居虚拟仿真在中职物联网专业的研究现状 ……………… 46

        2.1.2　融合核心专业课程的意义 ………………………………………… 47

    2.2　中职物联网专业核心课程的融合 …………………………………………… 48

        2.2.1　中职物联网专业核心课程的结构 ………………………………… 48

        2.2.2　中职物联网专业核心课程的教学现状 …………………………… 50

        2.2.3　物联网实训虚拟仿真系统通信结构 ……………………………… 52

    2.3　智能家居虚拟仿真系统的程序设计接口 …………………………………… 55

        2.3.1　C♯程序设计 ………………………………………………………… 55

        2.3.2　微网站设计 ………………………………………………………… 57

        2.3.3　AppInventor 安卓开发 …………………………………………… 63

    2.4　智能家居管理系统的教学项目 ……………………………………………… 64

        2.4.1　智能家居管理系统的结构 ………………………………………… 64

        2.4.2　智能家居管理系统的设计语言 …………………………………… 65

        2.4.3　智能家居管理系统的数据通信 …………………………………… 68

第 3 章　C♯程序设计物联网教学实践 ……………………………………… 70

    3.1　中职物联网专业的 C♯程序设计 …………………………………………… 70

        3.1.1　中职物联网专业开设"C♯程序设计"课程的意义 ……………… 70

        3.1.2　应用 C♯程序设计智能家居管理系统 …………………………… 71

    3.2　C♯程序设计教学案例 ………………………………………………………… 72

        3.2.1　项目需求 …………………………………………………………… 72

        3.2.2　家居建设 …………………………………………………………… 73

        3.2.3　系统开发文件 ……………………………………………………… 74

        3.2.4　界面设计 …………………………………………………………… 74

        3.2.5　功能设计 …………………………………………………………… 76

    3.3　C♯程序设计作品 ……………………………………………………………… 84

第4章 微信小程序设计物联网教学实践 87

4.1 中职物联网专业的微信小程序设计 88
4.1.1 微信小程序的特点 88
4.1.2 中职物联网专业开设"微信小程序设计"课程的意义 89
4.1.3 应用微信小程序设计智能家居管理系统 90

4.2 微信小程序设计教学案例 91
4.2.1 开发环境搭建 91
4.2.2 项目需求 92
4.2.3 界面设计 93
4.2.4 自定义组件设计 94
4.2.5 功能设计 102

4.3 微信小程序设计作品 108

第5章 微网站设计物联网教学实践 114

5.1 中职物联网专业的微网站设计 114
5.1.1 微网站设计的特点 114
5.1.2 中职物联网专业开设"微网站设计"课程的意义 116
5.1.3 应用微网站设计智能家居管理系统 117

5.2 微网站设计教学案例 118
5.2.1 项目需求 119
5.2.2 家居建设 119
5.2.3 文件结构 120
5.2.4 界面布局 121
5.2.5 功能要求 122
5.2.6 系统设计 122

5.3 微网站设计作品展示 136

参考文献 142

附录A 智能家居虚拟仿真系统操作指南 143

附录B 应用虚拟仿真教学设计 155

第1章
智能家居虚拟仿真系统设计与开发

1.1 系统开发与应用的研究背景

1.1.1 虚拟仿真系统在教育领域的发展前景

随着科技的飞速发展,智能家居技术逐渐走进了千家万户,为人们带来了便捷与舒适的生活体验。然而,智能家居技术的普及和应用不局限于日常生活,其在教育领域同样展现出巨大的发展潜力,特别是智能家居虚拟仿真系统,它以其独特的优势,为教育领域注入了新的活力。

智能家居虚拟仿真系统,顾名思义,是通过计算机技术、虚拟现实技术等手段,模拟真实智能家居环境的一种系统。在教育领域,这一系统可为学生提供身临其境的学习体验,帮助他们更好地理解智能家居技术的原理和应用。

智能家居虚拟仿真系统为学习者提供了直观的学习体验。通过模拟真实的智能家居环境,学生可以直观地了解智能家居设备的工作方式、功能特点以及各设备之间的联动。这种直观的学习方式有助于加深学生对智能家居技术的理解,提高他们的学习兴趣和积极性。在虚拟环境中,学生可以自由地进行设备配置、场景设置等操作,通过实际操作来巩固所学知识。这种实践性的学习方式有助于学生将理论知识与实际应用相结合,提高他们的动手能力和解决问题的能力。

智能家居虚拟仿真系统具有高度可扩展性和灵活性。教育者可以根据教学需要,自定义虚拟环境中的设备种类、数量以及场景设置等,以满足不同学习者的需求。同时,随着智能家居技术的不断更新和发展,智能家居虚拟仿真系统可以随时进行升级和优化，实现与时俱进。

在教育领域应用智能家居虚拟仿真系统，不仅可以提升学生的学习效果和实践能力，还可以促进教育资源的共享和优化。通过搭建共享平台，不同学校、不同地区的学生都可以共享优质的教育资源，从而推动教育公平和教育普及。

智能家居虚拟仿真系统在教育领域具有广阔的发展前景。随着技术的不断进步和应用场景的不断拓展，这一系统将为教育领域带来更多的创新和发展机遇。在不久的将来，智能家居虚拟仿真系统将成为教育领域不可或缺的重要工具，为培养更多具备创新精神和实践能力的优秀人才贡献力量。

虚拟现实技术将为教育领域带来有存在感、沉浸感的学习，高成本、危险、困难、难以实现的学习，实践学习，高关注度与参与度的学习，互动和视觉学习，为学习者提供更好的学习条件和环境。随着技术的日益成熟，以及在教育行政部门的积极引导和推动下，虚拟仿真实验教学呈现蓬勃发展态势。在新时代的背景下，虚拟仿真实验教学将发挥重要的作用。传统课堂教学方式重视理论讲授，没有把实践操作提升到相应高度，这会导致学习进度不一致、实训成本过高等问题。通过虚拟仿真系统，学生可以在跟岗、顶岗之前进行反复的模拟，巩固自己学过的知识，为将来的工作做好准备。学生在家时没有物联网设备，无法开展有些课程，应用虚拟仿真系统可以很好地解决线上教学设备缺乏带来的问题。

1.1.2 虚拟仿真系统的教学应用

根据《教育信息化十年发展规划（2011—2020年）》的指导思想，我国正致力于推动虚拟现实技术在教育领域的应用。同时，《关于开展国家级虚拟仿真实验教学中心建设工作的通知》明确指出，虚拟仿真实验教学作为教育信息化及实验教学示范中心建设的重要组成部分，是学科专业与信息技术深度结合的成果。

面对学生在家中因缺乏物联网设备而难以进行部分课程的学习的困境，多课程融合虚拟仿真系统为线上教学提供了有效的解决方案。该系统不仅弥补了设备不足的短板，还促进了课程教学的改革创新。

作者成功开发了一个智能家居虚拟仿真系统，实现了数据上传至阿里云的功能，并精心设计了C#、微网站及App应用模板。该系统允许学生在虚拟环境中自主搭建家居设备，深入了解物联网三层架构的工作机制。通过将开发智能家居管理系统作为教学项目，可以成功地将原本枯燥的程序设计知识点融入实践操作中，使学生在开发管理系统的过程中学习并掌握相关知识。智能家居管理系统的数据流程如图1-1所示。

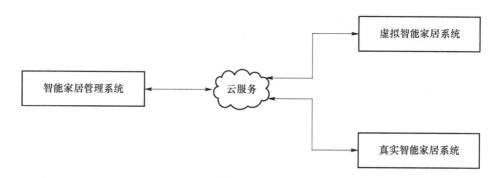

图 1-1 智能家居管理系统的数据流程图

这种教学模式在培养学生物联网思维的同时显著激发了他们的学习兴趣,更在提升学生的程序设计技能方面取得了显著成效。通过借助上述智能家居虚拟仿真系统的学习,学生们对物联网应用层有了更加深入且全面的理解,这为他们日后在综合实践课程中操作真实的硬件设备奠定了坚实的基础。上述智能家居虚拟仿真系统也为学生提供了一个仿真的物联网环境,让他们能够在虚拟的情境中学习和实践。这种学习方式不仅降低了学习难度,还使得学习过程更加生动、有趣。学生可以通过模拟实验深入了解物联网的架构、原理和应用,从而培养物联网思维。

作者开发的智能家居虚拟仿真系统还具备与学校主流实训硬件设备对接的能力,这使得学生在掌握理论知识的同时也能够进行实践操作。这种理论与实践相结合的教学模式有助于提高学生的综合素质和实际操作能力。这一教学模式由于无须额外增加硬件成本,因此降低了学校的经济压力,使得更多的学校能够享受到物联网教育的红利。

本书的研究成果具备在一般中职学校推广应用的潜力。中职学校作为培养技能型人才的重要基地,对于物联网等新兴技术的引入和应用具有重要意义。通过推广理论与实践相结合的教学模式,中职学校可以优化现有的课程体系与教学内容,使之更加符合时代发展的需要。同时,这种教学模式也有助于提升教育教学质量,推动中职教育的持续发展。这种教学模式在培养物联网思维、激发学习兴趣和提升程序设计能力方面发挥了重要作用。通过借助仿真系统的学习,学生们能够更好地理解物联网应用层,为日后的实践操作打下坚实基础。

1.1.3 智能家居虚拟仿真系统的设计理念

作者开发的智能家居虚拟仿真系统的设计理念围绕着几个核心原则展开,其通过技术创新和教育实践的深度融合,促进学生对物联网技术、程序设计及智能家居概念的深入理解和实践能力的提升。该系统强调理论知识学习与实际操作的结合,确保学生不仅能掌握程序设计的理论基础,还能通过亲手设计和搭建虚拟智能家居环境将抽象概念具象化,加深理解。

该系统采用基于B/S架构,允许学生不受时间和地点的限制,自主访问和操作,提高了学习的灵活性;同时,通过模拟真实场景的互动操作增强了学习过程的趣味性和参与感。该系统采用模块化设计,可以灵活扩展,便于学生根据自己的学习进度逐步掌握不同的模块(从简单的设备控制模块到复杂的系统集成模块)。并且,该系统预留接口,支持未来技术的升级和新功能的扩展,以保持教学内容的前沿性。智能家居虚拟仿真系统旨在模拟现实生活中的智能家居场景,包括家庭自动化、安全监控、环境调节等,使学生能在接近真实的应用情境中学习,提高解决实际问题的能力。该系统设计强调物联网技术、计算机科学、电子工程、用户体验设计等多学科知识的交叉融合,以培养学生跨领域的综合技能,帮助学生为未来职场做准备。

该系统注重资源的有效利用和系统长期运行的可持续性,从而为教学活动提供稳定的支持。该系统的运行效果如图1-2所示。

图1-2 智能家居虚拟仿真系统的运行效果

1.2 系统的基本架构

作者开发的智能家居虚拟仿真系统采用了B/S架构,这种架构模式不需要安装客户端程序,将系统功能实现的核心部分集中到服务器上。这样做的好处在于简化了系统的开发、维护和使用过程。开发者只需要关注服务器端的代码实现,无须考虑不同客户端之间的差异。同时,用户也无须安装额外的客户端软件,只需要通过浏览器或微信等应用即可访问系统,降低了系统使用门槛。

此外,B/S架构还使得系统具备了更好的扩展性和灵活性。随着学校信息化建设的不断深入,未来可能会有更多的功能被加入系统。由于B/S架构的开放性,这些新功能可以很方便地集成到现有的系统中,无须对整个系统进行大规模的重构。

本系统以"HTML5+BootStrap"为前端,以C♯语言为后端,以MSSQL数据库为基础,采用B/S架构构建而成。它不仅具备强大的功能和良好的用户体验,而且具有高度的扩展性和灵活性,能够适应学校信息化建设不断发展的需要。系统的B/S架构如表1-1所示。

表1-1 系统的B/S架构

组件	功能
浏览器	用户通过浏览器访问系统
Web服务器	处理用户的请求,并返回相应的网页
应用服务器	处理业务逻辑,如数据查询、数据处理等
数据库服务器	存储系统的数据

1.2.1 功能结构

用户群体分为游客、普通用户和管理员,其中普通用户在成功完成登录验证后,具备新建大厅、书房、卧室、花园等各类空间的权限。在创建的空间中,用户可以按需添加多种类型的智能家居模块设备,以实现个性化的家居环境配置。作者开发的智能家居虚拟仿真系统的功能结构如图1-3所示。

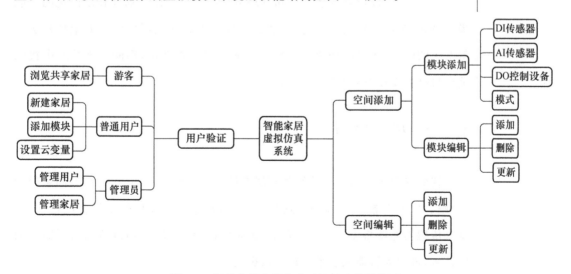

图1-3 智能家居虚拟仿真系统的功能结构图

游客作为初次接触系统的用户群体,可以浏览系统提供的各类空间模板和关于智能家居模块设备的介绍,以了解系统的基本功能和特色。游客可以通过系统提供的演示视频或图文介绍,直观地感受智能家居带来的便捷与舒适。

普通用户在完成登录验证后,便可拥有更为丰富的操作权限。他们可以根据自己的喜好和需求新建各类空间,如宽敞明亮的大厅、温馨舒适的书房、宁静安逸的卧室以及绿意盎然的花园等。每个空间都可以根据用户的个性化需求进行定制,实现家居环境的多样化配置。

在创建的空间中,普通用户可以方便地添加各类智能家居模块设备。这些设备的功能丰富。用户可以根据实际需要,选择合适的设备类型,并通过简单的操作进行添加和配置。例如,智能照明系统可以根据时间、场景或用户的喜好自动调节灯光的亮度和色温,营造出舒适的照明环境;智能空调系统可以根据室内温度自动调节制冷或制热模式,保持室内温度的恒定;智能安防系统可以实时监控家庭安全状况,提供全方位的保障。

管理员则拥有更高的权限,可以对系统进行全面的管理和维护。他们可以监控系统的运行状态,处理可能出现的故障和异常情况,还可以对用户进行操作审查,以确保系统的安全和稳定运行。

该系统的功能结构图清晰地展示了各模块设备之间的关联和互动。用户可以通过操作界面方便地调用各模块设备的功能,实现家居环境的智能化控制。同时,该系统还提供了丰富的数据分析和可视化工具,以帮助用户更好地了解家居环境的使用情况和优化空间配置。

该系统通过游客、普通用户和管理员三级用户群体的划分和多样化的功能模块设备,为用户提供了便捷、舒适和个性化的智能家居体验。无论是初次接触系统的游客,还是已经熟悉操作的普通用户和管理员,都能在该系统中找到适合自己的操作方式和功能需求。

1.2.2　模块结构

智能家居传感器是现代智能家居系统中的重要组成部分,它们如同家居中的"眼、鼻、耳",能够感知并传递环境信息,从而实现家居环境的智能化控制。这些传感器能够将家居环境中的各种物理量、化学量、生物量转化为可测量的电信号,进而为智能家居系统提供数据支持。

智能家居传感器的种类繁多,每种传感器都有其特定的功能和应用场景。例如：温度传感器能够检测室内和室外的温度，帮助调节空调和暖气设备，以保持室内舒适度；湿度传感器能够监测空气中的湿度水平，配合温度传感器用于空调和加湿器的自动调节，以维持舒适和健康的生活环境。此外，还有光照度传感器、运动传感器、门窗传感器、烟雾传感器和一氧化碳传感器、水浸传感器等多种传感器，它们各自承担着不同的任务，共同构建了一个智能化的家居环境。

在选择智能家居传感器时，需要根据家庭的实际需求进行考虑。例如：如果家庭对安全监控有较高的要求，那么可以选择安装门窗传感器和运动传感器；如果家庭希望提高居住的舒适度，那么温度传感器和湿度传感器就是不错的选择。同时，在做选择时还需要考虑传感器的精度、稳定性、兼容性以及安装和维护的便捷性等因素。

智能家居传感器的应用已经越来越广泛，它们不仅提高了家居的舒适度和便利性，还为生活带来了更多的安全保障。随着技术的不断进步和市场的不断成熟，相信未来智能家居传感器将会拥有更加广阔的应用前景和更加丰富的功能特性。

作者开发的智能家居虚拟仿真系统中的各种模块设备可以模拟真实家居系统中的各种传感器和控制设备，其功能如下所述。

① DI（开关量）传感器，如门磁、火焰传感器、人体感应器等，允许用户在仿真系统中通过点击操作切换传感器的状态，从而模拟当前门的开启与关闭状态、存在和不存在火焰的情况以及人体活动的情况。

② AI（模拟量）传感器，包括温度、湿度、光照度以及空气质量等传感器，用户可以在仿真系统中手动调整这些传感器的数值，以模拟当前环境条件的变化情况。

③ DO 控制设备，包括灯具、门锁、窗帘以及警报灯等设备。用户能够在仿真系统中手动控制这些设备的开启与关闭，从而模拟现实环境中各类设备的操作状态。

④ 模式，它并非真实存在的模块设备，而是一种云变量，主要用于实现仿真系统与远程管理系统之间的数据交换功能。

作者开发的智能家居虚拟仿真系统可以模拟真实的智能家居，形象地显示各种传感器和控制设备，模拟各种环境数据，以及控制各种设备的状态，其包含的传感器和控制设备如表 1-2 所示。

表 1-2　智能家居虚拟仿真系统的设备表

序号	类型	图标代码	图标	单位	名称	设备量	最小值	最大值
1	AD	wendu		℃	温度	wenDu	−20℃	60℃
2	AD	shidu		%	湿度	shiDu	0%	100%
3	AD	pm25		μg/m	PM2.5	pm25	0 μg/m	500 μg/m
4	AD	guangzhao		lx	光照度	guangZhao	0 lx	1 000 lx
5	DI	yw			烟雾	yanWu	0	1
6	DI	krqt			可燃气体	ranQi	0	1
7	DI	hwds			红外对射	hongWaiDuiShe	0	1
8	DI	rentiruqin			人体	renTi	0	1
9	DI	hy			火焰	huoYan	0	1
10	DI	mc			门磁	menCi	0	1
11	DO	fengshan			风扇/排气扇	feng	0	1
12	DO	dengpao			客厅灯	lamp4	0	1
13	DO	dengpao			卧室灯	lamp3	0	1
14	DO	dengpao			洗手间灯	lamp2	0	1

续 表

序号	类型	图标代码	图标	单位	名称	设备量	最小值	最大值
15	DO	dengpao			书房灯	lamp1	0	1
16	DO	chuanglian			卧室窗帘	wsChuangLian	0	1
17	DO	door			客厅门	keTingMen	0	1
18	DO	jbd			警报灯	jbd	0	1
19	DO	shuiLongTuo			水龙头	shuiLongTuo	0	1
20	MD	mode			模式	mode	0	10
21	ROOM	room			空间	room		

在物联网程序设计的教学过程中,通过使用各类编程语言开发的智能家居管理系统,用户能够远程获取仿真系统的传感器数值或状态信息,同时能够实现远程操控各类家居设备。设计一个智能家居管理方案旨在为用户创造出更为智能、舒适的生活环境。

1.2.3 语言结构

作者开发的智能家居虚拟仿真系统将先进的 HTML5 和 BootStrap 技术作为前端框架,并将 C#语言作为后端开发工具,以 MSSQL 数据库为核心,是一个功能齐全、性能稳定的系统。该系统采用此架构充分考虑了跨平台运行的需求,使得用户在 Windows、Android、iOS 系统中都能无障碍地使用本系统,享受便捷的服务。

在前端方面,HTML5 和 BootStrap 的结合为系统带来了丰富的交互体验和良好的界面展示效果。HTML5 以其强大的兼容性和可扩展性,使得系统能够在各种终端设备上流畅运行。无论是在桌面端还是在移动端,用户都能通过浏览器轻松访问系统,并享受到快速、稳定的服务。同时,HTML5还提供了丰富的API和多媒体支持,使得系统能够展示更多的信息,为用户带来更好的使用体验。

BootStrap作为前端框架的佼佼者,为开发者提供了丰富的样式和组件库。这使得开发者能够快速地构建出美观、易用的界面,无须从头开始编写样式和布局。BootStrap的响应式设计特性也使得系统能够在不同尺寸的设备上自适应显示,保证了用户在不同设备上的使用体验一致。

在后端方面,C♯语言以其强大的面向对象特性和丰富的库函数,为系统的开发提供了坚实的支撑。开发者可以利用C♯语言高效地实现各种复杂的业务逻辑,提高系统的性能和稳定性。同时,C♯语言还具有良好的跨平台性,使得系统能够在不同的操作系统上运行,满足用户的多样化需求。

MSSQL数据库作为数据存储的核心,保证了数据的安全性和可靠性。通过合理的数据库设计和优化,系统能够高效地处理大量数据,并为用户提供实时的数据查询和统计功能。MSSQL数据库还支持多种数据类型和复杂的查询操作,使得系统能够满足各种复杂的数据处理需求。

在用户界面设计方面,该系统充分考虑了用户的操作习惯和审美需求,通过精心设计的图标、按钮和布局,使得用户可以轻松找到所需的功能,并快速完成操作;同时,还提供了丰富的个性化设置选项,让用户可以根据自己的喜好进行界面定制,这进一步提升了用户使用体验。

在交互设计方面,该系统注重用户的反馈和提示。无论用户进行何种操作,系统都会及时给予反馈,告知用户操作的结果或状态。同时,对于可能出现的错误或异常情况,该系统也会提供详细的提示信息,帮助用户快速定位和解决问题。

在数据传输和存储方面,该系统采用了先进的加密技术和安全措施,确保了用户数据的安全性和隐私性,同时还建立了完善的安全管理机制,定期对系统进行安全检查和漏洞修复,以确保系统的稳定运行。

未来,应将继续优化和完善系统,推动智能家居虚拟仿真系统在物联网专业教学中的推广应用,并将持续投入研发力量,不断提升系统的性能和功能,为用户提供更加优质的服务,以满足学校师生的更多需求。

1.2.4 数据库结构

作者开发的智能家居虚拟仿真系统采用了流行的C♯编程语言以及高效稳定的MSSQL数据库进行开发、设计,旨在为用户提供一个兼容性强、稳定可靠的仿真系统。在数据库架构的设计上,该系统充分考虑了系统的功能需求,精心设置了多个关键数据表,以确保数据的完整性和准确性。

第1章 智能家居虚拟仿真系统设计与开发

在数据库的详细结构设计上,该系统充分考虑了数据的关联性和一致性,采用了合适的数据类型和索引策略,以优化数据库的查询性能,同时还对数据库进行了安全性加固,采用了加密技术保护用户数据的安全,以确保系统的稳定运行。

该系统采用 C♯ 编程语言以及 MSSQL 数据库进行开发、设计,以确保系统具有出色的兼容性与稳定性。在数据库结构方面,该系统设置了用户数据表、模块类型表、模块数据表以及三元组表等关键数据表,以支撑系统的各项功能需求,如图 1-4 所示。

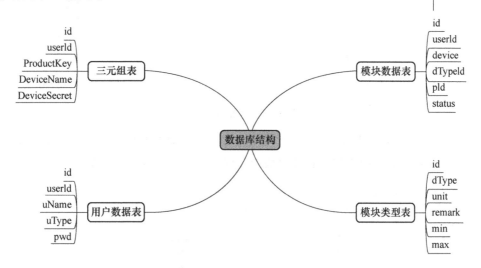

图 1-4 智能家居虚拟仿真系统的数据库结构图

各数据表的功能如下。

① 用户数据表(UserData):记录用户信息,用于用户登录验证,将用户分为管理员、普通用户和游客等三种类型。管理员可以管理各种用户以及各用户的家居。用户数据表配置如图 1-5 所示。

字段	索引	外键	唯一键	检查	触发器	选项	存储	注释	SQL 预览

名	类型	大小	比例	不是 null	键	注释
id	int	0	0	☑		自动编号
userId	varchar	50	0	☑		自定义帐号
uName	nvarchar	50	0	☐		用户名
uType	int	0	0	☐		用户类型:1学生、2老师、3系统、4专业、5家长
status	int	0	0	☐		帐号状态1在校、0退学、2劝退、3开除
pwd	varchar	255	0	☐		密码
access	int	0	0	☐		权限
idCar	varchar	50	0	☐		身份证
address	varchar	100	0	☐		家庭住址
role	int	100	0	☐		角色:1游客、2普通用户、3管理员

图 1-5 用户数据表配置

② 模块类型表(DeviceType)：记录各种设备模块分类，主要有数字量传感器、模拟量传感器、DO控制设备、家居空间、模式等。模块类型表配置如图1-6所示。

名	类型	大小	比例	不是 null	键	注释
id	int	0	0	✓		自动编号
dType	varchar	255	0			设备类型
icon	varchar	255	0			图标
unit	varchar	255	0			单位
remark	varchar	255	0			温度
dName	varchar	255	0			设备类型名
min	varchar	255	0			最小值
max	varchar	255	0			最大值

图1-6　模块类型表配置

③ 模块数据表(DeviceData)：主要记录用户新建的家居空间的数据，以及在家居空间添加的各种模块的数据。模块数据表配置如图1-7所示。

名	类型	大小	比例	不是 null	键	注释
userId	int	0	0	✓	🔑2	用户ID
device	varchar	255	0	✓	🔑1	设备云变量
value	varchar	100	0			设备值
remark	varchar	255	0			设备名
unit	varchar	255	0			单位
dTypeId	int	0	0			设备类型ID
pId	int	0	0			设备上级空间ID
status	bit	0	0			状态：0停用，1正常
rTime	datetime	0	0			添加时间
id	int	0	0	✓		自动编号

图1-7　模块数据表配置

④ 三元组表(AliYun)：记录各用户在阿里云添加的三元组信息，通过三元组虚拟仿真系统可以与阿里云进行数据交互。三元组表配置如图1-8所示。

名	类型	大小	比例	不是 null	键	注释
id	int	0	0	✓		自动编号
userId	varchar	255	0			用户ID
ProductKey	varchar	255	0			阿里云产品key
DeviceName	varchar	255	0			阿里云设备名
DeviceSecret	varchar	255	0			阿里云密钥
regionId	varchar	255	0			阿里云区域ID
schema	varchar	255	0			阿里云区域
rTime	datetime	0	0			添加时间

图1-8　三元组表配置

1.2.5 前端结构

作者开发的智能家居虚拟仿真系统的前端采用了 HTML、JavaScript 语言及 BootStrap 框架等进行开发，旨在为用户呈现一个直观且功能丰富的界面。通过该系统，用户能够清晰地看到当前家居各个区域空间的整体布局，以及各个空间内模块设备的实时状态与数值。为了模拟实际环境中的变化，用户可手动调整各传感器的数值，观察系统响应并感受环境变化的模拟效果。用户还可直接通过该系统手动开启或关闭各种控制设备，设备图片将实时更新，以反映设备的当前状态。为确保数据的完整性与可追溯性，该系统通过后台程序将各模块设备的状态与数值实时保存至数据库中，以便后续的分析与利用。

智能家居虚拟仿真系统不仅提供了丰富的家居空间展示功能，还具备强大的设备控制与数据管理能力，为用户提供了便捷、高效的家居环境管理体验，其前端结构如图 1-9 所示，各种模块设备的前端设计如下。

① 用按钮表示 DI 传感器，其颜色表示状态，红色为 1，灰色为 0。点击按钮可以切换 DI 传感器的两种状态。

② 用滑块表示 AI 传感器，滑块值表示传感器当前的值。调整滑块的位置可修改 AI 传感器的值，模拟当前环境变化。

③ 用不同的图片代表灯、窗帘、排气扇等开关设备的不同状态。点击按钮，切换相关图片，模拟控制设备的开、关状态。

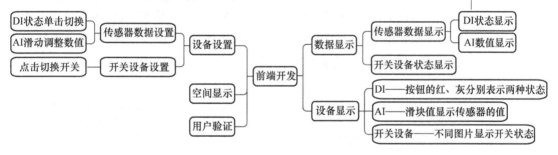

图 1-9 智能家居虚拟仿真系统的前端结构

1.3 前端界面设计

作者开发的智能家居虚拟仿真系统的前端采用了"BootStrap+jQuery"的开发框架。Bootstrap 是一个流行的前端开发框架，它主要用于快速构建响应式、移动优先的网站和网络应用程序。

Bootstrap 的 CSS 框架包含了一个强大的响应式栅格系统，能够根据不同的屏幕尺寸自动调整页面布局，提供一致的用户体验。Bootstrap 的设计原则之一是移动优先,即首先确保在移动设备上的显示效果,然后再考虑其他设备。Bootstrap 提供了一系列的 CSS 样式和组件,如按钮、表单、导航栏、警告框等,这些组件都可以直接使用,减少了开发时间和代码量。虽然 Bootstrap 提供了默认的样式和组件,但开发者可以根据自己的需求进行定制,修改颜色、字体、间距等样式属性。

Bootstrap 还提供了一些常用的 JavaScript 插件,如模态框、轮播图、下拉菜单、滚动监听等,这些插件可以为网站添加动态效果,且通常只需通过简单的 HTML 标签和数据属性进行配置,无须编写复杂的 JavaScript 代码。

Bootstrap 是一个功能强大、易于使用和定制的前端开发框架,可以快速构建出美观、响应式和功能丰富的智能家居虚拟仿真系统的前端界面。

1.3.1　界面布局设计

作者开发的智能家居虚拟仿真系统在界面设计方面,采用了 Bootstrap 设计系统,并运用了栅格布局原理。具体而言,该系统利用 Bootstrap 的栅格系统对页面结构进行了细致的划分。栅格系统默认设置为 12 列,允许用户根据实际需求,灵活设定各个元素所占的列数,以此实现良好的屏幕适应性。

在系统布局方面,整体采用上下结构。上部区域左侧展示系统 LOGO 和系统名称,右侧则显示当前登录用户的用户名。下部区域进一步细分为左、右两部分,左侧区域集中展示房间、花园等空间信息,以及各空间内所配置的传感器和控制设备;右侧区域上方为菜单栏,下方则为主体展示区,用于呈现智能家居的全屋效果。全屋效果图能够模拟真实的灯光、窗帘、门锁等家居设备的状态,为用户提供直观、全面的智能家居体验。智能家居虚拟仿真系统的布局如图 1-10 所示。

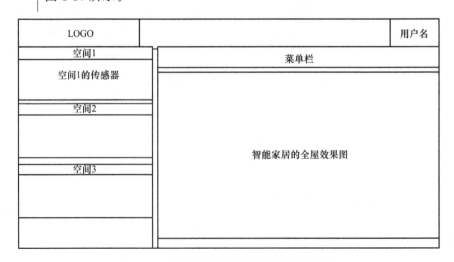

图 1-10　智能家居虚拟仿真系统的布局图

LOGO部分高2em,下部区域的左边显示各空间和传感器,占3个网格宽,下部区域的右边的全屋效果图部分占9个网格宽。具体的代码设计如下：

```
1.  <div class = "tab-content">
2.      <div class = "page-header">
3.          <!-- 在左边部分,显示LOGO图片,点击图片后弹出帮助模态框 -->
4.          <div class = "leftside-header">
5.              <div class = "logo" pagetype = "Logo">
6.                  <img alt = "logo" title = "使用说明" src = "img/room/logo.png" data-toggle = "modal" data-target = "#studyModal">
7.              </div>
8.          </div>
9.          <!--在右边部分,显示登录用户信息 -->
10.         <div class = "rightside-header" pagetype = "RightsideHeader">
11.             <div class = "user-info" pagetype = "UserInfo">
12.                 <span class = "user-profile" style = "color:white;font-size:1em;">老师</span>
13.             </div>
14.         </div>
15.     </div>
16.     <div class = "tab-pane fade in active" id = "Workschedule" style = "border:1px solid red;padding:0px">
17.
18.         <div class = "page-aside col-xs-12 col-sm-3 col-md-3" style = "padding:0px">
19.             <div style = "padding-bottom:3em; overflow-y: scroll; background-color: #eee; overflow-y: auto; height:100vh"
20.                 id = "roomDiv">
21.             </div>
22.         </div>
23.         <div class = "col-sm-3 col-md-3">dffdf</div>
24.         <!--右边区域布局 -->
25.         <div class = "col-xs-12 col-sm-9 col-md-9 data_content">
26.             <div class = "panel panel-info">
27.                 <!--添加空间、设备编辑、添加阿里三元组等菜单 -->
28.                 <div class = "panel-heading" style = "padding:0px">
29.                     <button type = "button" class = "btn btn-primary btn-lg" id = "uNameH3" title = "添加空间" data-toggle = "modal"
30.                         data-target = "#addRoomModal">
```

```
31.                    <span class = "glyphicon glyphicon-plus"></span>添加空间
32.                </button>
33.                <button type = "button" class = "btn btn-primary btn-lg" data-toggle = "modal" data-target = "#deviceEditModal">
34.                    <span class = "glyphicon glyphicon-cog"></span>设备编辑
35.                </button>
36.                <button type = "button" class = "btn btn-primary btn-lg" data-toggle = "modal" data-target = "#AliYunModal">
37.                    <span class = "glyphicon glyphicon-"></span>添加阿里三元组
38.                </button>
39.            </div>
40.            <!--在系统主体部分,显示客厅、卧室、书房、卫生间等空间的不同状态 -->
41.            <div class = "panel-body">
42.                <div class = "jjy table-responsive">
43.                    <img id = "roomImg" usemap = "#roomMap" src = "img/room/1111.jpg" />
44.                    <map name = "roomMap" id = "roomMap">
45.                        <!--设置各房间点击控制灯光的控制区域 -->
46.                        <area dType = "DO" dName = "lamp1" device = "" coords = "58,110,113,116,154,86,292,86,292,183,142,217,58,185"
47.                            shape = "poly" data-maphilight = "{"
48.                            strokeColor":"0000ff","strokeWidth":5,"fillColor":"ff0000","fillOpacity":0.6}"/>
49.                        <area dType = "DO" dName = "lamp2" device = "" coords = "304,86,423,90,426,179,302,179" shape = "poly"
50.                            data-maphilight = "{"
51.                            strokeColor":"0000ff","strokeWidth":5,"fillColor":"ff0000","fillOpacity":0.6}"/>
52.                        <area dType = "DO" dName = "lamp3" device = ""
53.                            coords = "426,90,493,90,537,120,605,105,605,179,537,209,429,179" shape = "poly" data-maphilight = "{"
54.                            strokeColor":"0000ff","strokeWidth":5,"fillColor":"ff0000","fillOpacity":0.6}"/>
55.                        <area dType = "DO" dName = "lamp4" device = ""
56.                            coords = "62,185,154,220,305,176,355,190,591,228,591,288,308,370,62,259" shape = "poly"
57.                            data-maphilight = "{"
58.                            strokeColor":"0000ff","strokeWidth":5,"fillColor":"ff0000","fillOpacity":0.6}"/>
```

59.   </map>
60.   </div>
61.   </div>
62.   </div>
63.   </div>
64.   </div>
65.   </div>

1.3.2 阿里云三元组界面设计

作者开发的智能家居虚拟仿真系统具备模拟真实物联网数据并将其上传至阿里云的功能。为确保设备能够顺利注册并接入云平台，每台设备必须依据阿里云平台的规定，烧录由平台颁发的唯一身份信息。阿里云平台为设备烧录提供了两种模式：一机一密和一型一密。作者开发的智能家居虚拟仿真系统选择采用的是一机一密的烧录模式，包含 productkey（产品型号）、devicename（设备名称）以及 devicesecret（设备密码）在内的三元组信息。用户在前端界面操作时，通过点击菜单可触发弹出三元组编辑模态框，以便进行相关信息的编辑与配置。阿里云三元组界面设计如图 1-11 所示。

图 1-11 阿里云三元组界面设计图

新建 id 为 AliYunModal 的模态框，该模态框将包含三个关键的文本框，分别为 productkey（产品型号）、devicename（设备名称）以及 devicesecret（设备密码）。在首次使用时，这三个文本框均预设为空值状态。一旦用户完成信息填写并点击添加按钮，系统就接收并上传这一三元组信息。而在后续操作中，当某用户再次打开该模态框时，三个文本框将自动展示上一次该用户输入的阿里云三元组信息，以便用户快速查看或进行必要的修改。用户若需要更新阿里云三元组信息，只需在相应文本框内进行修改后再次点击添加按钮即可。具体的代码设计如下：

```
1.  <!--添加一个阿里云模态框,用于添加或更新阿里云三元组信息 -->
2.  <div class = "modal fade" id = "AliYunModal" tabindex = "-1" role = "dialog" aria-labelledby = "modal-info-label">
3.      <div class = "modal-dialog" role = "document">
4.          <div class = "modal-content">
5.              <div class = "modal-header state modal-info">
6.                  <button type = "button" class = "close" data-dismiss = "modal" aria-label = "Close"><span aria-hidden = "true">×</span></button>
7.                  <h4 class = "modal-title" id = "modal-info-label" edit = "true"><i class = "fa fa-info"></i>添加阿里云三元组</h4>
8.              </div>
9.              <div class = "modal-body">
10.                 <form class = "form-horizontal form-stripe">
11.                     <div class = "form-group">
12.                         <label for = "name" class = "col-sm-2 control-label">productkey:</label>
13.                         <div class = "col-sm-10" style = "margin-bottom:0.5em;">
14.                             <input type = "text" class = "form-control" id = "productkey" placeholder = "请输入 productkey">
15.                         </div>
16.                         <label for = "name" class = "col-sm-2 control-label">devicename:</label>
17.                         <div class = "col-sm-10" style = "margin-bottom:0.5em;">
18.                             <input type = "text" class = "form-control" id = "devicename" placeholder = "请输入 devicename">
19.                         </div>
20.                         <label for = "name" class = "col-sm-2 control-label">devicesecret:</label>
21.                         <div class = "col-sm-10">
22.                             <input type = "text" class = "form-control" id = "devicesecret" placeholder = "请输入 devicesecret">
```

23.   </div>
24.   </div>
25.   </form>
26.   </div>
27.   <div class = "modal-footer">
28.   < button type = "button" class = "btn btn-info" data-dismiss = "modal" id = "addAliYun">添加/更新</button>
29.   </div>
30.   </div>
31.   </div>
32. </div>

1.3.3 家居空间添加界面设计

在智能家居虚拟仿真系统中,用户可自由添加房间、花园、车库等多样化空间。当用户点击"＋×××的家居"时,系统将弹出一个添加空间的模态框,以便用户进行空间配置的操作。家居空间添加界面设计如图1-12所示。

图1-12 家居空间添加界面设计图

新建一个 id 为 addRoomModal 的模态框,在该模态框中有空间名、云变量两个文本框,用户可以定义空间的名称,如客厅、卧室、书房、厨房、花园等,云变量必须是唯一的,不能重复。在菜单栏的"＋×××的家居"按钮中,设置 data-toggle 属性的值为"modal",设置 data-target 属性的值为"♯addRoomModal"。这样可以实现在点击菜单栏的"＋×××的家居"按钮后弹出添加空间的模态框。具体的代码设计如下:

```html
1.  <!--添加一个新建空间模态框-->
2.  <div class="modal fade" id="addRoomModal" tabindex="-1" role="dialog" aria-labelledby="modal-info-label">
3.      <div class="modal-dialog" role="document">
4.          <div class="modal-content">
5.              <div class="modal-header state modal-info">
6.                  <button type="button" class="close" data-dismiss="modal" aria-label="Close"><span aria-hidden="true">×</span></button>
7.                  <h4 class="modal-title" id="modal-info-label" edit="true"><i class="fa fa-info"></i>添加房间、花园、车库等空间</h4>
8.              </div>
9.              <div class="modal-body">
10.                 <form class="form-horizontal form-stripe">
11.                     <div class="form-group">
12.                         <label for="name" class="col-sm-2 control-label">空间名:</label>
13.                         <div class="col-sm-10" style="margin-bottom:0.5em;">
14.                             <input type="text" class="form-control" id="roomName" placeholder="请输入房间、花园、车库等空间的名称">
15.                         </div>
16.                         <label for="name" class="col-sm-2 control-label">云变量:</label>
17.                         <div class="col-sm-10">
18.                             <input type="text" class="form-control" id="roomDevice" placeholder="请输入云变量,不能有中文,可以是英文加数字">
19.                         </div>
20.                     </div>
21.                 </form>
22.             </div>
23.             <div class="modal-footer">
24.                 <button type="button" class="btn btn-info" data-dismiss="modal" id="addRoom">添加</button>
25.             </div>
26.         </div>
27.     </div>
28. </div>
```

1.3.4 模块设备添加界面设计

在房间、花园、车库等区域中,可部署一系列家居传感器,包括但不限于温度传感器、湿度传感器、火焰传感器以及门磁。此外,为提升居住环境的舒适度和便捷性,还可增设灯、排气扇、窗帘等控制设备。在添加设备时,需明确为设备命名,并为其指定唯一的云变量。云变量的设定需确保不出现重复,以保障系统的稳定运行和精准控制。模块设备添加界面设计如图 1-13 所示。

图 1-13　模块设备添加界面设计图

新建一个 id 为 addDeviceModal 的模态框,在该模态框中可从后台加载智能家居常用的传感器和控制设备模块,用户可以选择需要添加的模块设备,选择好设备后,会在名称和云变量文本框中显示默认的名称和云变量,用户可以修改,其中云变量必须是唯一的,不可重复。在空间菜单栏的"＋"按钮中设置 data-toggle 属性的值为"modal",设置 data-target 属性的值为"＃addDeviceModal"。这样可以实现在点击空间菜单栏的"＋"按钮后弹出"添加传感器模块"模态框。具体的代码设计如下:

```
1. <!--添加一个新设备模态框 -->
2. < div class = "modal fade" id = "addDeviceModal" tabindex = "-1" role = "dialog" aria-labelledby = "modal-info-label">
3.     < div class = "modal-dialog" role = "document">
4.         < div class = "modal-content">
5.             < div class = "modal-header state modal-info">
```

6.   　　＜button type＝"button" class＝"close" data-dismiss＝"modal" aria-label＝"Close"＞
7.   　　　　＜span aria-hidden＝"true"＞×＜/span＞
8.   　　　　＜/button＞
9.   　　＜h4 class＝"modal-title" id＝"modal-info-label"＞＜i class＝"fa fa-info"＞＜/i＞添加传感器模块＜/h4＞
10.   　　＜/div＞
11.   　　＜div class＝"modal-body" style＝"overflow-y:auto;"＞
12.   　　　　＜div id＝"deviceList" style＝"margin-bottom:1em"＞＜/div＞
13.   　　　　＜label for＝"name" class＝"col-sm-2 control-label" style＝"margin-bottom:1em"＞名称:＜/label＞
14.   　　　　＜div class＝"col-sm-10" style＝"margin-bottom:0.5em"＞
15.   　　　　　　＜input type＝"text" class＝"form-control" tag＝"remark" placeholder＝"请定义传感器备注"＞
16.   　　　　＜/div＞
17.   　　　　＜label for＝"name" class＝"col-sm-2 control-label"＞云变量:＜/label＞
18.   　　　　＜div class＝"col-sm-10"＞
19.   　　　　　　＜input type＝"text" class＝"form-control" tag＝"dName" placeholder＝"请定义传感器云变量" title＝"云变量不能重复,不能出现汉字"＞
20.   　　　　＜/div＞
21.   　　＜/div＞
22.   　　＜div class＝"modal-footer"＞
23.   　　　　＜button type＝"button" class＝"btn btn-info" data-dismiss＝"modal" id＝"addDevice" edit＝"true"＞添加＜/button＞
24.   　　＜/div＞
25.   　　＜/div＞
26.   ＜/div＞
27.   ＜/div＞

1.3.5　设备编辑界面设计

如果在空间(如房间、花园、车库等)中部署的各类传感器与控制设备,在使用过程中需进行相应调整,那么用户可点击菜单栏中的"设备编辑"选项。随后,系统将弹出一个模态框,用户可在其中对设备名称进行编辑,对云变量进行修改或删除操作。设备编辑界面设计如图 1-14 所示。

| 第 1 章 | 智能家居虚拟仿真系统设计与开发

图 1-14　设备编辑界面设计图

新建一个 id 为 deviceEditModal 的模态框，在该模态框中加载后台用户添加的模块设备，生成设备列表，在设备列表中有编辑和删除按钮。在菜单"设备编辑"按钮中设置 data-toggle 属性的值为"modal"，设置 data-target 属性的值为"♯deviceEditModal"。可以实现在点击"设备编辑"按钮后弹出"设备编辑"模态框。具体的代码设计如下：

```
1.  <! --添加一个设备编辑模态框 -->
2.  < div class = "modal fade" id = "deviceEditModal" tabindex = " - 1" role = "dialog" aria-labelledby = "modal-info label">
3.      < div class = "modal-dialog" role = "document">
4.          < div class = "modal-content">
5.              < div class = "modal-header state modal-info">
6.                  < button type = "button" class = "close" data-dismiss = "modal" aria-label = "Close">
7.                      < span aria-hidden = "true">×</span>
8.                  </button>
9.                  < h4 class = "modal-title" id = "modal-info-label" edit = "true"><  i class = "fa fa-info"></i>设备编辑</h4 >
10.             </div>
11.             < div class = "modal-body">
12.                 < div class = "table-responsive">
13.                     < table class = "table table-striped table-hover table-bordered text-center">
```

```
14.                    <thead>
15.                        <tr>
16.                            <th>设备名</th>
17.                            <th>云变量</th>
18.                            <th>类型名</th>
19.                            <th>数据类型</th>
20.                            <th>单位</th>
21.                            <th>编辑</th>
22.                        </tr>
23.                    </thead>
24.                    <tbody id="deviceListTbody"></tbody>
25.                </table>
26.            </div>
27.        </div>
28.    </div>
29. </div>
30. </div>
```

1.3.6 帮助文档界面设计

作者开发的智能家居虚拟仿真系统提供了详尽的帮助文档,其内容涵盖仿真系统使用手册、系统编程指南(C♯)、微网站设计指南以及操作演示等多个方面。这些资料旨在帮助用户全面了解并掌握系统的操作方法和功能特点,提升使用体验。用户可通过点击LOGO轻松获取这些学习资料(帮助文档)的模态框,以便随时查阅和学习。帮助文档界面设计如图1-15所示。

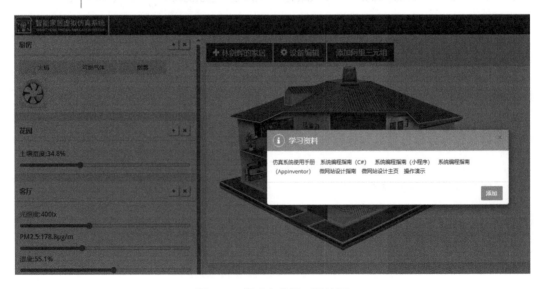

图1-15 帮助文档界面设计图

第1章 智能家居虚拟仿真系统设计与开发

新建一个 id 为 studyModal 的模态框,在该模态框中有多个学习文档的超链接。在智能家居虚拟仿真系统的 LOGO 中设置 ata-toggle 属性的值为"modal",设置 data-target 属性的值为"#studyModal"。这样可以实现在点击 LOGO 后弹出帮助文档模态框。具体的代码设计如下:

```
1.  <!--添加一个帮助模态框,包括使用手册、使用视频、C#和微网站设计函数的语法等 -->
2.  <div class="modal fade" id="studyModal" tabindex="-1" role="dialog" aria-labelledby="modal-info-label">
3.      <div class="modal-dialog" role="document">
4.          <div class="modal-content">
5.              <div class="modal-header state modal-info">
6.                  <button type="button" class="close" data-dismiss="modal" aria-label="Close">
7.                      <span aria-hidden="true">×</span>
8.                  </button>
9.                  <h4 class="modal-title" id="modal-info-label"><i class="fa fa-info"></i>学习资料</h4>
10.             </div>
11.             <div class="modal-body" style="overflow-y:auto;">
12.                 <a href="http://s.ldzz.cn:808/study/down/%E6%99%BA%E8%83%BD%E5%AE%B6%E5%B1%85%E8%99%9A%E6%8B%9F%E4%BB%BF%E7%9C%9F%E7%B3%BB%E7%BB%9F%E4%BD%BF%E7%94%A8%E8%AF%B4%E6%98%8E%E4%B9%A6.pdf"
13.                     title="使用说明" target="_blank">仿真系统使用手册</a>
14.                 <a href="help/c.pdf" target="_blank">系统编程指南(C#)</a>
15.
16.                 <a href="help/wwz.pdf" target="_blank">系统编程指南(小程序)</a>
17.
18.                 <a href="help/wwz.pdf" target="_blank">系统编程指南(AppInventor)</a>
19.
20.                 <a href="help/wwz.pdf" target="_blank">微网站设计指南</a>
21.
22.                 <a href="help/webEg.txt" target="_blank">微网站设计主页</a>
23.
24.                 <a href="help/video.html" target="_blank">操作演示</a>
25.             </div>
26.             <div class="modal-footer">
27.                 <button type="button" class="btn btn-info" data-dismiss="modal" id="addDevice" edit="true">添加</button>
28.             </div>
```

```
29.        </div>
30.      </div>
31.    </div>
```

1.3.7　前端功能代码设计

1. 系统初始化

系统需要进行初始化操作，特声明全局变量 loginUserId，它用于存储用户登录 ID。同时，另设全局变量 cloudData，它用于标识阿里云上传的数据。接下来，系统将调用 $.ldLogin() 函数执行用户验证流程。若验证结果显示用户非测试账号（即账号不为 22222），则系统将自动跳转至登录界面，要求用户重新进行身份验证。一旦验证成功，系统将进一步调用 loadRoom() 函数，以加载包括客厅、卧室、厨房等在内的各类空间数据。待空间数据加载完毕后，系统将按照每两秒一次的频率，循环调用 deviceValueLoad() 函数，以实现各空间内所有传感器数据以及控制设备状态的实时加载与更新。具体的代码设计如下：

```
1.  var loginUserId = "22222";//*******登录测试账号
2.  var cloudData = { CurrentTemperature:55.6,CurrentHumidity:85,hum:12.5,pm25:66,lux:99 };
3.  var userId = request("userId");//虚拟仿真系统用户账号 ID
4.  //***************用户登录,如果是测试账号则不需要登录 验证************
5.  if (userId != loginUserId) {
6.      $.ldLogin(function (d) {//跳转登录界面,获取登录信息
7.          loginUserId = d["UserId"];
8.          $("span.user-profile").text(d["uName"]);//显示用户名
9.      })
10. }
11. loadRoom();//加载房间以及传感器、控制设备
12. setInterval("deviceValueLoad()","2000");//定时加载各设备值
13. aliConnect()//连接阿里云
```

2. 空间数据加载

定义空间加载函数 loadRoom()，从后台加载所有空间数据，在 roomDiv 标签中加载空间的 panel 面板，在 panel 面板的标题栏（title）显示空间名、添加设备"＋"按钮、删除空间按钮"×"，panel 面板的内容（content）则是空间内的各种传感器和控制设备（灯除外）。智能家居虚拟仿真系统的传感器如图 1-16 所示。

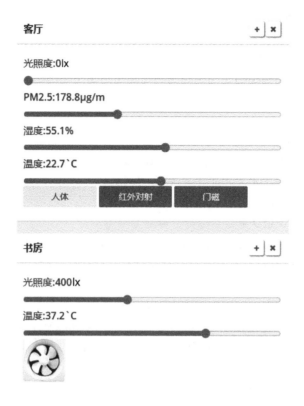

图 1-16　智能家居虚拟仿真系统的传感器

系统运行初始化，访问后台 IotData.ashx 文件的 HomeData 接口，获取所有用户所有设备的 JSON 数组，JSON 数组的格式为"[{dName：" fang"，dRemark："房间"，unit：null，min：null，max：null，dType："ROOM"，id：1154，uName：" 林剑辉"，unit：null，unit1：null，userId：11009，value："0"},...]"。该 JSON 数组包括空间和传感器设备，空间的 pId 为 0，传感器设备的 pId 则为所属空间的 id。因此，当解析到 pId 值为 0 时，则在 roomDiv 中生成一个空间 panel，将空间的 id 值赋值至自己定义的 roomId 属性中，将 dRemark 空间名称显示至标题栏；当解析到非 0 的 pId 值时，在空间 panel 加载相应的传感器模块，该空间的属性值 roomId 与传感器设备的 pId 相同。

dType 值为 AD 是模拟量传感器，生成一个类型为 range 的 input，通过滑块可以模拟传感器的值，云变量 device 值赋值于自定义的属性 device，最小值 min 赋值于自定义属性 min，最大值 max 赋值于自定义属性 max，设备类型 dType 赋值于自定义属性 dType。

dType 值为 DI 是开关量传感器，每个传感器生成一个 Button，如果传感器值为 0，则 Button 显示灰色，表示失效状态，如果传感器值为 1，则 Button 显示红色，表示激发状态。device 值赋值于自定义的属性 device，设备类型 dType 赋值于自定义属性 dType。具体的代码设计如下：

```
1.  function loadRoom() {
2.      $("#roomDiv").html("");
3.      $.ldPostJson2("/Sys/study/IOTdata.ashx", {
4.          action:"HomeData",
5.          userId: userId
6.      }, function (d) {
7.          if (d["pId"] == "0")
8.              $("#roomDiv").append('<div class = "panel"><div class = "panel-header"><h3 class = "panel-title">' + d["remark"] + '</h3>' +
9.                  '<div class = "panel-actions">' +
10.                 '<ul>' +
11.                 '<li class = "action toggle-panel panel-collapse" data-toggle = "modal" data-target = "#addDeviceModal" edit = "true" roomId = "' + d["id"] + '" title = "添加模块" type = "addDevice"><span></span></li>' +
12.
13.                 '<li class = "action remove-panel" roomId = "' + d["id"] + '" edit = "true" title = "删除空间" type = "delRoom"><span class = "fa fa-times action" aria-hidden = "true"></span></li>' +
14.                 '</ul>' +
15.                 '</div></div><div class = "panel-content" roomId = "' + d["id"] + '"></div></div>');
16.         if (d["dType"] == "AD")
17.             $("div[roomId = '" + d["pId"] + "']").append('<h5 id = "luxLi" device = "' + d["device"] + '">' + d["remark"] + '</h5><input type = "range" title = "' + d["device"] + '" dType = "AD" device = "' + d["device"] + '" name = "slider-1" min = "' + (d["min"] * 10) + '" max = "' + d["max"] * 10 + '" step = "1" value = "500">')
18.         if (d["dType"] == "DI")
19.             $("div[roomId = '" + d["pId"] + "']").append('<button class = "btn btn-wide" device = "' + d["device"] + '" dType = "DI" title = "' + d["device"] + '" style = "margin-right:0.3em">' + d["remark"] + '</button>')
20.         if (d["dTypeId"] == "5") //***显示排气扇
21.             $("div[roomId = '" + d["pId"] + "']").append('<img dTypeId = "5" src = "img/fan.png" device = "' + d["device"] + '" dType = "DO" value = "' + d["value"] + '" title = "' + d["device"] + '" style = "margin-right:0.3em"><br>')
22.         if (d["dTypeId"] == "17") //***卧室窗帘
23.             $("#roomImg").after('<img dTypeId = "17" device = "' + d["device"] + '" dType = "DO" value = "' + d["value"] + '" title = "' + d["device"] + '" id = "wsChuangLian" src = "img/chuanglian' + ((d["value"] == "1") ? "2" : "") + '.gif" style = "left:540px;top:175px; position:absolute;" />')
24.         if (d["dTypeId"] == "18") //***卧室窗帘
```

25. $("#roomImg").after('< img dTypeId = "18" device = "' + d["device"] + '" dType = "DO" value = "' + d["value"] + '" title = "' + d["device"] + '" id = "wsChuangLian" src = "img/men' + ((d["value"] == "1") ? "2" : "") + '.gif" style = "width:50px;position:absolute;left:265px;top:325px;" />')
26.   if (d["dTypeId"] == "21") // * * *警报灯
27. $("#roomImg").after('< img dTypeId = "21" device = "' + d["device"] + '" dType = "DO" value = "' + d["value"] + '" title = "' + d["device"] + '" id = "jbd" src = "img/jbd' + ((d["value"] == "1") ? "2" : "") + '.gif" style = "width:50px;position:absolute;left:345px;top:55px;" />')
28.
29.   // * * * * * * * * *设置灯光 * * * * * * *
30. $("area[dName = '" + d["dName"] + "']").attr("device", d["device"]);
31. $("area[dName = '" + d["dName"] + "']").attr("title", d["device"]);
32. $("#uNameH3").html('< span class = "glyphicon glyphicon-plus"></span>' + d["uName"] + "的家居");
33.   // * * * * * * * * * * * * *添加设备编辑列表 * * * * * * * * * * *
34.   deviceEditList(d)
35.   },false)
36. $("#deviceList").html("");
37. $.ldPostJson2("/Sys/study/IOTdata.ashx", {
38.   action:"DeviceList",
39.   userId: userId
40.   }, function (d) {
41. $("#deviceList").append('< label class = "radio-inline">' +
42.   '< input type = "radio" name = "device" dTypeId = "' + d["id"] + '" unit = "' + d["unit"] + '" remark = "' + d["remark"] + '" value = "' + d["dName"] + '" >' + d["remark"] +
43.   '</label>')
44.
45.   },false)
46.   // * * * * * * * * * * * * *添加设备 * * * * * * * * * * * * *
47.   deviceEdit()
48.   //加载传感器、控制设备的事件
49.   deviceEvent();
50. }

3. 设备数据加载

系统每隔 2 秒调用 deviceValueLoad() 函数更新所有传感器的值和控制设备的状态,同时将数据传给阿里云变量 cloudData,通过 AliUp() 函数将传感器

数据上传至阿里云。将所有传感器和控制设备的值赋值给相应标记的 value 属性。各种设备状态的变化如下。

① 房间灯(dTypeId 值为 12 至 15,分别为客厅、卧室、卫生间、书房的灯),如果 value 为 1,则显示亮灯的图片,如果值为 0,则显示关灯的图片。

② 排气扇(dTypeId 值为 5),如果 value 为 1,显示排气扇打开时的动态图片(fan.gif),如果 value 为 0,则显示排气扇关闭时的动态图片(fan2.gif)。

③ 窗帘(dTypeId 值为 17),如果 value 为 1,显示窗帘打开时的动态图片(chuangLian.gif),如果 value 为 0,则显示窗帘关闭时的动态图片(chuangLian2.gif)。

④ 门锁(dTypeId 值为 18),如果 value 为 1,显示开门的动态图片(men.gif),如果 value 为 0,则显示关门的动态图片(men2.gif)。

⑤ 警报灯(dTypeId 值为 21),如果 value 为 1,显示警报灯报警的动态图片(bjd.gif),如果 value 为 0,则显示警报灯的静止图片(jbd2.gif)。

具体的代码设计如下:

```
1.  //******设备数据加载*******
2.  function deviceValueLoad() {
3.      //定义房间灯数组
4.      var roomLamp = { lamp1:"0", lamp2:"0", lamp3:"0", lamp4:"0" };
5.      cloudData = { id: 2 }
6.      $.ldPostJson2("/Sys/study/IOTdata.ashx", { action:"HomeData", userId: userId }, function (d) {
7.          //    alert(d["value"])
8.          cloudData[d["device"]] = parseFloat(d["value"]);
9.          if (d["dName"].indexOf("lamp") >= 0)
10.             roomLamp[d["dName"]] = (d["value"] == "0") ? "0" : "1";
11.         $("h5[device='" + d["device"] + "']").text(d["remark"] + ":" + d["value"] + d["unit"]);
12.         $("button[device='" + d["device"] + "']").attr("class", (d["value"] == "1") ? "btn btn-wide btn-danger" : "btn btn-wide");
13.         $("[device='" + d["device"] + "'][dType='AD']").attr("value", (d["value"] * 10));
14.         $("[device='" + d["device"] + "'][dType='DO']").attr("value", d["value"]);
15.         $("img[device='" + d["device"] + "'][dTypeId='5']").attr("src", "img/" + ((d["value"] == "1") ? "fan.gif" : "fan.png"));
16.         if (d["dTypeId"] == "17") {
17.             if (d["value"] == "1" && $("img[device='" + d["device"] + "'][dTypeId='17']").attr("src") != "img/chuanglian2.gif") {
18.                 $("img[device='" + d["device"] + "'][dTypeId='17']").attr("src", "img/
```

```
                    chuanglian2.gif");
19.                 console.log("img/chuanglian2.gif");
20.             }
21.             if (d["value"] == "0" && $ ("img[device='" + d["device"] + "'][dTypeId='17']").attr("src") != "img/chuanglian.gif") {
22.
23.                 $ ("img[device='" + d["device"] + "'][dTypeId='17']").attr("src", "img/chuanglian.gif");
24.                 console.log("img/chuanglian.png");
25.             }
26.         }
27.         if (d["dTypeId"] == "18") {
28.             if (d["value"] == "1" && $ ("img[device='" + d["device"] + "'][dTypeId='18']").attr("src") != "img/room/men.gif") {
29.                 $ ("img[device='" + d["device"] + "'][dTypeId='18']").attr("src", "img/room/men.gif");
30.                 console.log("img/room/men.gif");
31.             }
32.             if (d["value"] == "0" && $ ("img[device='" + d["device"] + "'][dTypeId='18']").attr("src") != "img/room/men2.gif") {
33.
34.                 $ ("img[device='" + d["device"] + "'][dTypeId='18']").attr("src", "img/room/men2.gif");
35.                 console.log("img/room/men2.png");
36.             }
37.         }
38.         if (d["dTypeId"] == "21") {
39.             if (d["value"] == "1" && $ ("img[device='" + d["device"] + "'][dTypeId='21']").attr("src") != "img/room/jbd.gif") {
40.                 $ ("img[device='" + d["device"] + "'][dTypeId='21']").attr("src", "img/room/jbd.gif");
41.                 console.log("img/room/jbd.gif");
42.             }
43.             if (d["value"] == "0" && $ ("img[device='" + d["device"] + "'][dTypeId='21']").attr("src") != "img/room/jbd2.gif") {
44.                 $ ("img[device='" + d["device"] + "'][dTypeId='21']").attr("src", "img/room/jbd2.gif");
45.                 console.log("img/room/jbd2.png");
46.             }
47.         }
```

```
48.        },false)
49.        var roomImgSrc = "";//房间图片路径
50.        for(var i in roomLamp){
51.            roomImgSrc = roomImgSrc + roomLamp[i];
52.        }
53.        //更新房间状态
54.        $("#roomImg").attr("src","img/room/" + roomImgSrc + ".jpg");
55.        aliUp();//将数据上传到阿里云
56.    }
```

4. 设备列表加载

在设备列表模态框中新建 deviceListTbody 设备表格，每一条设备数据都包含了设备名（remark）、云变量（device）、类型备注（dRemark）、类型（dType）、单位（unit），通过 deviceEditList(d) 函数可将这些数据以表格形式显示或编辑、删除这些数据。具体的代码设计如下：

```
1.  function deviceEditList(d){
2.
3.      //**************添加设备编辑列表************
4.      $("#deviceListTbody").append('<tr>' +
5.          '<td>' + d["remark"] + '</td>' +
6.          '<td>' + d["device"] + '</td>' +
7.          '<td>' + d["dRemark"] + '</td>' +
8.          '<td>' + d["dType"] + '</td>' +
9.          '<td>' + d["unit"] + '</td>' +
10.         '<td>' +
11.         '<div class = "btn-group btn-group-xs">' +
12.         '<button class = "btn btn-transparent">' +
13.         '<i class = "fa fa-pencil"></i>' +
14.         '</button>' +
15.         '<button class = "btn btn-transparent" type = "delDevice" deviceId = "' + d["id"] + '">' +
16.         '<i class = "fa fa-times"></i>' +
17.         '</button>' +
18.         '</div>' +
19.         '</td>' +
20.         '</tr>');
21. }
```

5. 设备编辑

设备编辑包括添加空间、添加设备模块、删除空间、删除设备模块等，以方便用户快速搭建自己的智能家居。具体的代码设计如下：

```
1.  function deviceEdit() {
2.
3.      // ********** 删除空间 **************
4.      $("li[type='delRoom']").on("click", function () {
5.          delDevice($(this).attr("roomId"), $(this).parents(".panel"), $(this).parents(".panel").find("h3").html())
6.      })
7.
8.      // ********** 删除设备 **************
9.      $("button[type='delDevice']").on("click", function () {
10.         delDevice($(this).attr("deviceId"), $(this).parents("tr"), "设备")
11.     })
12.     // ********* 添加空间 **************
13.     $("#addRoom").click(function () {
14.         if (loginUserId != userId) {
15.             alert("您无权编辑他人的仿真系统!")
16.         } else {
17.             $.ldPostJson("/Sys/study/IOTdata.ashx", {
18.                 action:"AddRoom",
19.                 userId: userId,
20.                 remark: $("#roomName").value(),
21.                 device: $("#roomDevice").value()
22.             }, function (d2) {
23.                 if (d2 == "1")
24.                     loadRoom();//添加完房间后,刷新显示房间
25.             })
26.         }
27.     })
28.     // ************* 添加设备 *************
29.     var dTypeId;
30.     var roomId;
31.     $('[data-target="#addDeviceModal"]').click(function () {
32.         roomId = $(this).attr("roomId");
```

```
33.        })
34.        $('input:radio[name=device]').click(function () {
35.            var $obj = $('input:radio[name=device]:checked');
36.            var unit = $obj.attr("unit");
37.            var remark = $obj.attr("remark");
38.            var dName = $obj.val();
39.            dTypeId = $obj.attr("dTypeId");
40.            $("#addDeviceModal [tag='remark']").val(remark)
41.            $("#addDeviceModal [tag='dName']").val(dName)
42.        })
43.        $("#addDevice").unbind("click");
44.        $("#addDevice").on("click", function () {
45.
46.            if (loginUserId != userId) {
47.                alert("您无权编辑他人的仿真系统!")
48.            } else {
49.                var remark = $("#addDeviceModal [tag='remark']").val();
50.                var dName = $("#addDeviceModal [tag='dName']").val();
51.
52.                if (remark == "" || dName == "")
53.                    alert("请输入传感器名称和云变量");
54.                else {
55.                    $.ldPostJson("/Sys/study/IOTdataEdit.ashx", {
56.                        action:"AddDevice",
57.                        userId: userId,
58.                        pId: roomId,
59.                        remark: remark,
60.                        device: dName,
61.                        dTypeId: dTypeId
62.                    }, function (d2) {
63.                        if (d2 == "1") {
64.                            loadRoom();
65.                            alert("添加成功");
66.                        } else
67.                            alert(d2);
68.                    })
69.                }
70.            }
71.        // ******* 删除设备 *************
```

```
72. function delDevice(deviceId, $obj, name) {
73.     if (loginUserId != userId) {
74.         alert(loginUserId + "您无权编辑他人的仿真系统!")
75.     }else{
76.         if (confirm('您确定要删除【' + name + '】吗？')) {
77.             $.ldPostJson("/Sys/study/IOTdataEdit.ashx", {
78.                 action:"DelDevice",
79.                 deviceId: deviceId
80.             },function (d2) {
81.                 if (d2 == "1")
82.                     $obj.remove();
83.                 loadRoom();
84.             })
85.         }
86.     }
87. }
```

6. 事件绑定

系统从后台加载了空间、设备数据,在前端页面生成了 AD 传感器(Range 滑块标记)、DI 传感器(Button 按钮标记)、DO 控制设备(Img 按钮标记),需要给这些标记绑定相关的事件,才能实现相应的功能。

① 绑定 AD 传感器标记 change 事件,当模拟传感器的值变化时,调用 setDeviceValue()函数将变量的值更新至系统,并将其上传至阿里云。

② 绑定 DI 传感器标记 click 事件,当单击设备时会切换 DI 传感器的状态,调用 setDeviceValue()函数将传感器的状态更新至系统,并将其上传至阿里云。

③ 绑定 DO 控制设备标记的 click 事件,当单击设备时会切换 DO 控制设备的开、关状态,调用 setDeviceValue()函数将控制设备的状态更新至系统,并将其上传至阿里云。

```
1. //************绑定设备的事件********************
2.
3. function deviceEvent() {
4.     //*********重新绑定AD传感器设备按钮事件**************
5.     $("input[type='range']").unbind();
6.     $("input[type='range']").change(function () {
7.         var device = $(this).attr("device");
8.         var value = this.value / 10;
```

```
9.      setDeviceValue({
10.         value: value,
11.         device: device
12.     });
13. })
14. //**********重新绑定DI传感器设备按钮事件**************
15.     $("button[dType='DI']").unbind();
16.     $("button[dType='DI']").click(function () {
17.         var value = "";
18.         var device = $(this).attr("device");
19.         if ($(this).attr("class") == "btn btn-wide btn-danger") {
20.             $(this).attr("class", "btn btn-wide")
21.             value = "0";
22.         } else {
23.             $(this).attr("class", "btn btn-wide btn-danger")
24.             value = "1"
25.         }
26.         setDeviceValue({
27.             value: value,
28.             device: device
290         })
30. })
31. //**********重新绑定DO控制设备按钮事件**************
32. $("[dType='DO']").unbind();
33. $("[dType='DO'][device!='']").click(function () {
34.     // alert($(this).parent().html())
35.     var value = $(this).attr("value");
36.     var device = $(this).attr("device");
37.     if (value == "1") {
38.         value = "0";
39.     } else {
40.         value = "1"
41.     }
42.     setDeviceValue({
43.         value: value,
44.         device: device
45.     })
46. })
47. }
```

```
48.  //设置传感器、控制设备数据
49.  function setDeviceValue(data) {
50.      data["userId"] = userId;
51.      $.ldPostJson2("/Sys/study/IOTdata.ashx? action = SetDevice2", data, function (d) {})
52.  }
```

7. 阿里云数据交互配置

在阿里云平台上,创建了一款命名为"智能家居"的崭新产品。在此产品的框架内,进一步构建了一个名为 ldzzIot 的设备。为了满足智能家居领域的多样化需求,在该产品中精心设计了相应的物模型以及功能定义,确保产品能够全面覆盖市场中的各项应用场景。智能家居虚拟仿真系统的模拟平台能够精准地模拟一个真实的物联网系统的运作过程,并能够与阿里云中的 ldzzIot 设备模块实现无缝对接。此系统可以实时地将各类数据上传至阿里云服务器,同时可以确保实时接收阿里云发送的远程控制指令,进而实现对设备的远程操控功能。这一创新举措将大幅提升智能家居设备的智能化水平,为用户提供更加便捷、高效的使用体验。实施步骤如下:

① 定义阿里云连接函数 aliConnect(),从后台加载用户的三元组信息 ProductKey(产品型号)、DeviceName(设备名称)以及 DeviceSecret(设备密码),并声明一个 device 阿里云设备实例。执行 AliDevice.on(' connect ')函数以连接阿里云,执行 AliDevice.on(' message ')函数以接收阿里云中订阅的信息,解析相关数据并执行设备值更新函数 setDeviceValue({ value: value, device: deviceId })以实现设备值和状态的更新。

② 定义数据上传函数 aliUp(),当数据有变化时调用该函数。在该函数中执行函数 AliDevice.postProps(cloudData),将虚拟仿真系统中的传感器数据和控制设备的状态上传至阿里云。

具体的代码设计如下:

```
1.  // ********* 阿里云操作 *********
2.  var AliDevice;//阿里云设备
3.  var AliUpFlag = false;
4.  // ****** 连接阿里云 **********
5.  function aliConnect() {
6.      $.ldPostJson2("/Sys/study/IOTdata.ashx", { action: "AliYun", userId: userId }, function (d) {
7.          AliDevice = iot.device(d);
8.          AliUpFlag = true;
9.          AliDevice.on('connect', () => {
10.             console.log('connect successfully! ');
```

```
11.     });
12.     AliDevice.on('message', (topic, payload) => {
13.         payload = JSON.parse(payload);
14.         if (payload["params"] != null) {
15.             payload = payload["params"];
16.             var deviceId = Object.keys(payload)[0];
17.             var value = payload[deviceId];
18.             // alert(deviceId);
19.             // alert(value)
20.             setDeviceValue({ value: value, device: deviceId });
21.             console.log(deviceId + ":" + value);
22.         }
23.     });
24. }, false)
25. }
26. //将数据上传至阿里云
27. function aliUp() {
28.     if (AliUpFlag)
29.         AliDevice.postProps(cloudData, (res) => {
30.             console.log(res);
31.             console.log(JSON.stringify(cloudData));
32.         });
33. }
34. // ********* 显示已添加的阿里云三元组 **********
35. if (userId != "22222")
36.     $.ldPostJson2("/Sys/study/IOTdataEdit.ashx", { action: "AliYunMsg" }, function (d) {
37.         $("#productkey").value(d["ProductKey"]);
38.         $("#devicesecret").value(d["DeviceSecret"]);
39.         $("#devicename").value(d["DeviceName"]);
40.     })
41.
42. // ********* 添加阿里云三元组信息 **************
43. $("#addAliYun").click(function () {
44.     if (loginUserId != userId) { alert("您无权编辑他人的仿真系统!") }
45.     else {
46.         $.ldPostJson("/Sys/study/IOTdataEdit.ashx", { action: "AddAliYun", productkey: $("#productkey").value(), devicesecret: $("#devicesecret").value(), devicename: $("#devicename").value() }, function (d2) {
47.             if (d2 == "1")
```

```
48.            alert("更新成功");
49.        })
50.    } })
```

1.4 后台结构

作者开发的智能家居虚拟仿真系统后台运用C#和MSSQL技术进行深度开发,其核心功能在于实现用户数据的严格验证,确保数据的完整性与准确性。该系统能够有效地监控模块设备的状态,并对数据库中的数据进行高效的读取与存储操作,以支持后台的稳定运行和数据的可靠管理。后台结构具备很大的灵活性和可扩展性,能够轻松应对未来可能出现的业务需求和技术挑战。通过模块化设计,该系统能够方便地进行功能扩展和模块升级,以适应不断变化的市场环境和用户需求。

在安全性方面,该系统采用了多种安全措施,包括数据加密、访问控制、日志记录等,以确保用户数据的安全性和隐私性。同时,该系统还具备强大的异常处理机制,能够在出现异常情况时及时响应并采取相应的处理措施,保障系统的稳定性和可靠性。

为了提高系统的性能和效率,后台结构采用了高效的数据处理算法和缓存机制,能够实现对大量数据的快速处理和分析。此外,该系统还具备良好的可维护性和可管理性,从而方便开发人员对系统进行维护和优化,提高系统的运行效率和稳定性。

该系统的后台结构是一个高效、稳定、安全、可扩展的平台,能够为用户提供优质的服务和支持,满足各种业务需求。

1.4.1 模块设备列表

自定义模块设备列表的函数接口 DeviceList(),它可以从设备类型数据表(jx_IotDeviceType)中查询到所有传感器、控制设备生成的 JSON 数据,并将其推送到前端,从而构建模块设备列表。用户在添加传感器、控制设备时,可以从构建的设备列表中选择。具体的代码设计如下:

```
1. public JsonResult DeviceList()
2. {
3.     return Json(_zhxyRepository.Query("SELECT * FROM [dbo].[jx_IotDeviceType] where dtype
   <>'room' order by dType").Table);
4. }
```

1.4.2 设备数据

自定义设备数据的函数接口 HomeData（string userId），它可以通过 userId 从 jx_IOT 和 jx_iotDeviceType 数据表中查询传感器和控制设备的值、类型、单位等信息，获取某用户家居模块设备的数据，将其转换成 JSON 格式数组并输出到前端显示，同时可以在前端构建空间、传感器、控制设备并显示相关值和状态。具体的设计代码如下：

```
1. public JsonResult HomeData(string userId)
2. {
3.     return Json(_zhxyRepository.Query("select dt.dName, dt.remark as dRemark,dt.unit,dt.min, dt.max,dt.dType,iot.id,u.uName,iot.* from jx_IOT iot inner join userData u on iot.userId = u.userId and u.status = 1 inner join jx_iotDeviceType dt on dt.id = iot.dTypeId where u.userId = @userId and iot.status = 1 ORDER BY userId,pId,dt.dType,device", SQLPar("userId",userId)).Table);
4. }
```

1.4.3 空间数据

自定义空间数据的函数接口 RoomData（string userId），它可以通过 userId 从 jx_IOT 和 userData 数据表中查询客厅、卧室等空间的信息，获取空间数据，将其转换成 JSON 格式数组并输出到前端显示。具体的设计代码如下：

```
1. public JsonResult RoomData(string userId)
2. {
3.     return Json(_zhxyRepository.Query("select u.uName,iot.* from jx_IOT iot inner join userData u on iot.userId = u.userId and u.status = 1 where u.userId like @userId + '%' and dType = 6 ORDER BY userId,device", SQLPar("userId", userId)).Table);
4. }
```

1.4.4 添加设备

自定义添加设备的函数接口 AddDevice（string device，string pId，string remark，string dTypeId），它可以接收前端添加设备的相关数据，在 jx_Iot 数据表中添加传感器和控制设备。具体的代码设计如下：

```
1.  public JsonResult AddDevice(string device, string pId, string remark, string dTypeId)
2.  {
3.      try
4.      {
5.          if (dTypeId == null || dTypeId == "")
6.              return Json("请选择模块类型");
7.          if (_zhxyRepository.Query("select id from jx_iot where userId = @userId and device = @device", SQLPar("device", device), SQLPar("userId", loginUserId)).Table.Rows.Count > 0)
8.              return Json("所定义的云变量已存在");
9.          return Json(_zhxyRepository.UpdateCmd("insert into jx_Iot(userId,device,remark,pId,dTypeId) values(@userId,@device,@remark,@pId,@dTypeId)", SQLPar("userId", loginUserId), SQLPar("device", device), SQLPar("remark", remark), SQLPar("pId", pId), SQLPar("dTypeId", dTypeId)).Rows.ToString());
10.
11.     }
12.     catch (Exception msg)
13.     {
14.         return Json(msg);
15.         throw;
16.     }
17. }
```

1.4.5 添加空间

自定义添加空间的函数接口 AddRoom(string userId, string remark, string device)，它可以从前端接收空间相关的数据，在 jx_iot 数据表中，添加空间数据记录，新建大厅、书房、花园等空间。具体的代码设计如下：

```
1.  public string AddRoom(string userId, string remark, string device)
2.  {
3.      return _zhxyRepository.UpdateCmd("insert into jx_Iot(userId,remark,pId,dTypeId,device) values(@userId,@remark,0,6,@device)", SQLPar("userId", userId), SQLPar("remark", remark), SQLPar("device", device)).Rows.ToString();
4.  }
```

1.4.6 删除模块设备

自定义删除模块设备的函数接口 DelDevice(string deviceId)，它可以从前

端接收空间相关的数据,在 jx_iot 数据表中删除模块设备。具体的代码设计如下:

```
1. public string DelDevice(string deviceId)
2. {
3.     string msg = "";
4.     msg = _zhxyRepository.UpdateCmd("update jx_Iot set status = 0 where id = @deviceId", SQLPar("deviceId", deviceId)).Rows.ToString();
5.     return msg;
6. }
```

1.4.7 设置阿里云三元组

自定义阿里云三元组查询的函数接口 AliYun(string userId),它可以从 jx_IotAliYun 数据表中查询某用户的阿里云三元组信息,并生成 JSON 数据,将其输出到前端并进行阿里云端验证。

自定义阿里云三元组添加的函数接口 AddAliYun(string productkey, string devicesecret, string devicename),先查询登录用户的阿里三元组信息是否存在,如果不存在就添加,否则就更新。具体的代码设计如下:

```
1. public JsonResult AliYun(string userId)
2. {
3.     return Json(_zhxyRepository.Query("select * from jx_IotAliYun where userId = @userId", SQLPar("userId", userId)).Table);
4. }
5. public JsonResult AddAliYun(string productkey, string devicesecret, string devicename)
6.     {
7.         try
8.         {
9.             if (_zhxyRepository.Query("select userId from jx_iotAliYun where userId = @userId", SQLPar("userId", User.UserId)).Table.Rows.Count > 0)
10.                 return Json(_zhxyRepository.UpdateCmd("update jx_iotAliYun set productkey = @productkey, devicesecret = @devicesecret, devicename = @devicename where userId = @userId", SQLPar("userId", User.UserId), SQLPar("productkey", productkey), SQLPar("devicesecret", devicesecret), SQLPar("devicename", devicename)).Rows.ToString());
11.
12.             else
13.                 return Json(_zhxyRepository.UpdateCmd("insert into jx_iotAliYun(userId,
```

productkey, devicesecret, devicename) values (@ userId, @ productkey, @ devicesecret, @devicename)", SQLPar("userId", User.UserId), SQLPar("productkey", productkey), SQLPar("devicesecret", devicesecret), SQLPar("devicename", devicename)).Rows.ToString());

14.
15.   }
16.   catch (Exception msg)
17.   {
18.   return Json(msg);
19.   throw;
20.   }

1.4.8 设置设备值

自定义设置设备值的函数接口 SetDevice(),它可以从其他网站后端接收传感器的值或控制设备的状态等相关数据,在 Jx_Iot 中更新设备值。自定义值设置设备的函数接口 SetDeviceValue2(string userId,string device,string value),它可以从前端接收传感器的值或控制设备的状态等相关数据,在 Jx_Iot 中更新设备值。具体的代码设计如下:

1. public string SetDevice()
2. {
3.   Response.ContentType = "application/json";
4.   Response.Cache.SetCacheability(HttpCacheability.NoCache);
5.   string msg = "";
6.   using (var reader = new System.IO.StreamReader(Request.InputStream))
7.   {
8.   msg = reader.ReadToEnd();
9.   if (!string.IsNullOrEmpty(msg))
10.   {
11.   JObject job = JObject.Parse(msg);
12.   msg = _zhxyRepository.UpdateCmd("update jx_Iot set value = @value where userId = @userId and device = @lamp", SQLPar("value", job["value"].ToString()), SQLPar("lamp", job["lamp"].ToString()), SQLPar("userId", job["userId"].ToString())).Rows.ToString();
13.   }
14.   }
15.   return msg;
16. }
17. public string SetDevice2(string userId, string device, string value)

```
18.  {
19.      string msg = "";
20.      msg = _zhxyRepository.UpdateCmd("update jx_Iot set value = @value where userId =
    @userId and device = @device", SQLPar("value", value), SQLPar("device", device), SQLPar("
    userId", userId)).Rows.ToString();
21.      return msg;
22.  }
```

1.4.9 查询特定设备值

自定义查询特定设备值的函数接口 GetDeviceValue(string device, string userId)，它可以先从前端获取设备的 deviceId，然后在 Jx_Iot 数据表中获取该设备的值。具体的代码设计如下：

```
1.  public string GetDeviceValue(string device, string userId)
2.  {
3.      foreach(DataRow tr in _zhxyRepository.Query("select value from jx_IOT where userId =
    @userId and device = @device", SQLPar("device", device), SQLPar("userId", userId)).Table.
    Rows)
4.      {
5.          return tr[0].ToString();
6.      }
7.      return "0";
8.  }
```

第 2 章 中职物联网程序设计课程革新实践

2.1 中职物联网专业课程体系

中等职业教育中的物联网专业是新兴技术教育的重要组成部分,其完善的课程体系全方位提升了学生的专业素养和综合能力,以满足物联网行业日新月异的发展需求。这一专业不仅关注理论知识的传授,强调实践操作和创新能力的培养,还注重团队协作精神的塑造。

综合技能的培养是物联网专业课程体系的核心。这包括对物联网基础理论的学习,如对传感器技术、网络通信技术、数据处理与分析方法等的学习,同时也包括对相关软件应用、硬件操作、系统集成等实践技能的训练。通过将理论与实践相结合,学生能够全面理解物联网技术的运作机制,具备解决实际问题的能力。

创新意识的培养是推动学生适应行业变革的关键。在快速发展的物联网行业中,新技术、新应用层出不穷,需要学生具备敏锐的洞察力和创新思维,能够对现有技术进行改进和优化,甚至创造出全新的解决方案。为此,物联网专业的课程体系中应设置专门的创新实践课程,鼓励学生参与科研项目,以培养他们的探索精神和独立思考能力。

实践能力的提升是确保学生能够胜任物联网行业工作的基础。通过实验室实践、实习实训、项目开发等形式,学生可以在真实的环境中得到锻炼和提升自己的动手能力,从而更好地将理论知识转化为实际操作能力。

团队合作能力的培养也是教学中不可或缺的一环。物联网项目往往涉及多个领域的交叉合作,需要团队成员之间进行良好的沟通和协作。因此,课程体系中应设置团队合作课程,通过模拟项目、团队竞赛等方式,培养学生的团队协作精神和领导力。

因此，对于中职物联网专业，只有建设全面、立体的培养模式和课程体系才能培养出具备深厚专业素养、创新思维、实践能力和团队精神的复合型人才。

① 专业基础课程："物联网技术导论"，介绍物联网的基本概念、发展历程、应用领域等；"电子电路基础"，介绍电子电路的基本原理、设计方法和分析方法；"计算机基础与网络通信"，介绍计算机组成原理、操作系统、网络协议和通信技术等。

② 物联网技术核心课程："传感器技术及应用"，介绍传感器的原理、分类、选型和应用；"无线通信技术"，介绍无线通信技术的基本原理、标准和应用，如Wi-Fi、蓝牙、ZigBee等；"云计算与大数据处理"，介绍云计算技术的基本原理和应用，以及大数据的采集、存储、处理和分析方法；"嵌入式系统及应用"，介绍嵌入式系统的基本原理和开发方法，包括微处理器、嵌入式操作系统等。

③ 实践应用课程：程序设计、C♯程序设计、移动应用程序（微网站或小程序）设计、物联网应用系统设计，介绍物联网应用系统的设计方法、开发流程和实现技术；物联网项目实训，通过实际项目，可让学生将所学的知识应用到实践中，提高学生的动手能力和解决问题的能力，如"智能家居安装与调试""物联网工程实训"等课程。

④ 职业素养与团队协作课程：职业素养教育课程，培养学生的职业道德、团队协作精神和沟通能力；项目管理课程，让学生学习项目管理的基本知识和方法，以提高学生的项目组织和管理能力。

中职物联网专业还应注重实践操作环节，例如，配备相关的实验设备和实验平台，让学生进行传感器的组装和调试、无线通信设备的配置和测试、云计算平台的使用和开发等实际操作。同时，学校还可以与物联网企业合作，开展实习和实践活动，让学生参与真实的物联网项目，培养学生的实践能力和创新能力。学校应紧跟物联网技术的发展趋势，结合行业需求，注重理论与实践的结合，以培养学生的综合技能、创新意识和实践能力为主要目标。

2.1.1 智能家居虚拟仿真在中职物联网专业的研究现状

虚拟仿真实验教学可实现真实实验不具备或难以完成的教学功能，在涉及高危或极端的环境、不可及或不可逆的操作，高成本、高消耗、大型或综合训练等情况时，可提供可靠、安全和经济的实验项目。

目前中职学校物联网专业所用的实训设备品牌非常繁杂，有北京新大陆、上海企想、广州飞瑞傲、广东智嵌等，这些设备的结构、通信方法大同小异，配套的教学软件却有非常大的区别。有些企业根据自身设备开发了不同方向的仿真系统，大部分是基于自身硬件连接的仿真系统，在教学使用仿真系统过程中学生可将各硬件设备连接起来，从而实现显示传感器数据，控制设备信息，提示故障等。但这些仿真系统都有一些不足之处,例如,基于某企业设备开发的仿真系统局限了学生的思维,缺少应用层的仿真。目前程序设计等课程的大部分实训用硬件设备调试,没有用到虚拟仿真调试。应用虚拟仿真系统将物联网专业课程进行融合的研究较少。

2.1.2 融合核心专业课程的意义

融合课程是把有内在联系的不同学科合并新学科,这样可以打破学科壁垒,通过教学目标与内容的融合等实现学科的统整与融合,为学生创设更适合的学习内容、学习方式和学习环境。融合课程使教师们彻底改变了长期以来的"学科本位、各自为战"的工作方式,紧密组合为一个"全能部队"式的研究整体。下面以"C♯程序设计"和物联网综合实训课程为例阐述物联网核心专业课程的融合。

在"C♯程序设计"课程的教学中以开发各种系统作为教学项目,如开发智能家居管理系统。而物联网综合实训课程的教学涉及物联网三层架构知识,传感层以设备模块的安装接线为实训项目,网络层以网络设备的安装调试为实训项目,应用层则以管理系统的设计为实训项目,如设计智能家居管理系统。因此这两门课程是有内在联系的,但在一般的物联网专业中,担任这二门课程的教师并不会将这两门课程融合,原因主要有以下几点:

① 担任"C♯程序设计"课程的教师可能对物联网智能家居的了解不深刻,所以只能引用书本中的例题项目进行讲解;

② 物联网实训设备并非时时刻刻都已经安装好,开发的程序不能进行功能性调试;

③ 在实训中开发的管理系统缺少合适的虚拟仿真系统进行模拟测试。

可以基于虚拟仿真系统,以开发智能家居管理系统为教学项目,设计出C♯程序设计、动态网站设计、微网站设计、App设计的应用模板。在教学过程中,将学习开发智能家居管理系统作为贯穿整个课程的教学项目,将枯燥乏味的程序设计知识点分解到这个项目中,改变传统程序设计课程按教材讲授语法的讲练教学模式,结合物联网专业的特点,让学生在开发管理系统中学习程序设计的知识点,在调试过程中直观形象地控制仿真系统,就像真实地控制自己的家居。这样的教学模式既培养了学生的物联网思维,又激发了学生的学习兴趣,提升了学生的程序设计能力。通过该模式的教学,学生对物联网的应用层会有比较深刻的认识,在学习物联网的综合实践课程后可以成为优秀的物联网人才。

借助虚拟仿真系统,可以进一步深化物联网专业核心课程的融合与统整。在教材编写方面,可以根据虚拟仿真系统的特点,将各个学科的知识点有机地结合起来，形成一套完整、连贯的物联网专业课程体系。这样的教材不仅能够帮助学生更好地理解物联网技术的整体架构，还能够提升他们在实际操作中的技能水平。虚拟仿真系统可以为中职学校的物联网专业提供更为丰富的教学资源。通过搭建虚拟实验平台，可以模拟各种真实的物联网应用场景，让学生在虚拟环境中进行实践操作。这不仅可以解决学校实验设备短缺的问题，还可以降低实验设备的损耗，提高设备的利用率。

虚拟仿真系统可以为学生提供更多的实践机会。在虚拟环境中，学生可以自由地搭建和调试物联网系统，探索各种可能的应用场景。这种实践方式不仅可以帮助学生更好地理解物联网技术的原理和应用，还可以培养他们的创新能力和解决实际问题的能力。虚拟仿真系统还可以帮助中职学校与企业进行更紧密的合作。中职学校通过与企业合作，可以将企业的实际需求和技术要求引入教学中，使教学内容更加贴近实际；同时，还可以利用虚拟仿真系统为学生提供更多的企业实习机会，让他们更好地了解企业的运作方式和物联网技术的应用情况，为他们未来的就业和创业打下坚实的基础。

基于虚拟仿真系统的物联网专业课程的融合与统整方案具有广泛的应用前景和推广价值。不断优化课程体系和教学内容，可以全面提升中职学校物联网专业的教学质量，为培养更多优秀的物联网人才做出积极贡献。

基于虚拟仿真系统，可以打破物联网专业的核心课程的学科壁垒，通过教学目标与内容的融合、教材的融合等实现学科的统整与融合。应用虚拟仿真系统进行课程的融合可以很好地解决线上教学设备缺乏带来的问题，也可以解决当教学硬件资源短缺、设备损耗大、学生数量多时实验设备设施捉襟见肘的难题，还可以增加学生的实践机会，提升学生解决实际问题的能力。让学生更好地与企业接轨，理解物联网架构，掌握传感器知识，了解物联网系统网络的要求，有效地培养物联网思维。因此，基于虚拟仿真系统进行物联网专业核心课程的融合可以在一般的中职学校中推广应用，从而优化课程体系与教学内容，全面提升教学质量。

2.2 中职物联网专业核心课程的融合

2.2.1 中职物联网专业核心课程的结构

物联网产业尚处于初创阶段，虽其应用前景非常广阔，未来将成为我国新型战略产业，但其标准、技术、商业模式以及配套政策等还远远没有成熟。作为国家倡导的新兴战略性产业，物联网备受各界重视，并成为就业前景广阔的热门领域,2018年教育部已审批中职学校开设物联网相关专业,这使得物联网成为各个中职学校争相申请的一个新专业,该专业的毕业生主要就业于与物联网相关的企业、行业,从事物联网的安装、调试、开发、管理与维护。

在中职物联网专业的专业基础课程中,学生会接触到"物联网工程导论""电工电子技术""计算机网络技术应用""程序设计基础""数据库技术及应用""单片机技术"等课程,这些课程为学生打下了扎实的物联网技术基础。而物联网专业课程更侧重于实际操作能力的培养,如"物联网程序设计""传感器应用技术""物联网工程布线技术""物联网系统安装与维护""移动应用程序开发与应用""物联网产品测试"等课程。这些课程的操作性强,有助于学生提升物联网技术应用能力。

物联网分为感知层、网络层、应用层,如图 2-1 所示,中职学校在专业建设中以此开设专业课程。

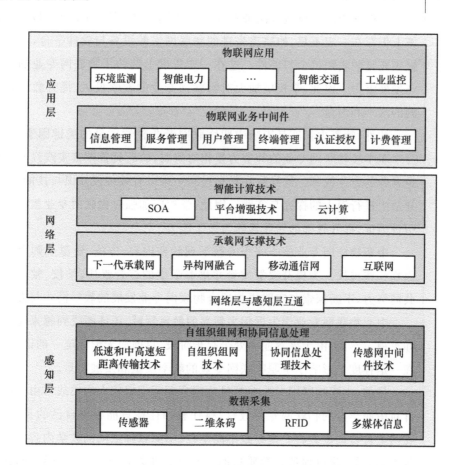

图 2-1　物联网三层架构

感知层开设课程有"电子电工技术""物联网传感器技术"等;网络层课程有"计算机网络基础""网络设备安装与调试""网络操作系统"等;应用层课程有"C♯程序设计""微网站设计""动态网站""AppInventor""人工智能"等;物联网

专业的综合实践课程有"智能家居安装与调试""物联网工程实训"等。

中职物联网专业的核心课程结构系统而全面地涵盖了物联网技术体系的基础理论与核心应用。这些课程的设置旨在为学生奠定坚实的理论基础，并提升其实践操作能力，从而使其能够熟练掌握物联网关键技术，并具备在实际应用环境中进行创新的能力。

2.2.2 中职物联网专业核心课程的教学现状

在教学方法层面，当前中职物联网专业的教学仍以传统讲授方式为主，实践环节及创新教学方法尚显不足。为激发学生的兴趣与积极性，并培养其实际操作及问题解决能力，教师应积极探索和实践多元化教学方法，如案例教学、项目教学等，以增强学生的实践能力与综合素质。

从教学资源与设施方面来看，部分中职学校在物联网专业的教学资源与设施上仍存在一定不足，如缺乏先进的物联网实验设备与软件平台，难以为学生提供充足的实践机会与条件。这在一定程度上制约了物联网专业的教学质量与发展潜力。因此，学校应加大对物联网专业的教学投入，提升教学资源与设施的水平和质量。

此外，师资力量亦是影响中职物联网专业教学质量的关键因素。目前，部分中职学校物联网专业的师资力量相对薄弱，缺乏具备丰富实践经验与深厚理论素养的专业教师。这导致在教学过程中难以有效传授知识与技能，亦难以引导学生进行深入的探究与实践。因此，学校应加强对物联网专业教师的培养与引进力度，提升教师的专业素养与教学能力。

中职物联网专业核心课程的教学现状在内容、方法、资源及师资等方面均面临一些挑战。为提升教学质量并培养学生的综合素质，学校、教师及学生需共同努力，不断探索与实践更加适合物联网专业发展的教学模式与方法。

中职物联网专业作为近年来新兴的教育领域，正逐渐受到越来越多的关注和重视。然而，由于该专业尚处于起步阶段，目前尚未形成统一的课程体系，这在一定程度上影响了中职物联网专业的教学质量和发展前景。

目前，中职物联网专业在教材选用方面面临着较大的挑战。由于缺乏专门针对中职学生的物联网专业教材，科任教师往往只能根据自己的喜好和经验，在网上自行选定教材。这导致不同学校、不同教师之间的教学内容和难度存在较大的差异，难以保证教学质量的一致性。此外，物联网三层架构的课程设置也存在严重脱节的问题。在物联网技术中，感知层、网络层和应用层是相互关联、相互依存的。然而，在实际教学中，由于各门课程之间的衔接不够紧密，因此学生往往难以将所学知识融会贯通，形成完整的物联网知识体系。

以程序设计课程为例，中职学生的英语和数学的基础相对薄弱，这使得他们在学习程序设计时面临较大的困难。目前，市场上缺乏专门针对中职物联网专业学生的C#程序设计教材，这使得教师在教学过程中难以找到合适的教学资源。如果按照传统的程序设计教学模式进行授课，实训项目与物联网应用的联系不够紧密，学生只能学习枯燥的基本语法，难以激发学习兴趣。

更为严重的是，当学生完成应用层程序设计课程的学习后，再去学习物联网的综合实训课程时，他们往往无法将所学的知识应用于实际项目中。由于之前的学习过程中缺乏与物联网应用紧密相关的实训项目，因此学生很难设计出符合物联网应用层要求的程序，从而导致综合实训课程的学习效果大打折扣。

针对上述问题，有必要对中职物联网专业的课程体系进行改革和完善。首先，应该加强教材建设，组织专家团队编写适合中职学生的物联网专业教材，确保教学内容的系统性和连贯性。其次，应该加强课程之间的衔接和融合，构建以物联网应用为核心的课程体系，使学生能够在学习过程中逐步掌握物联网技术的核心知识和技能。最后，应该加强实践教学环节的设计和实施，通过与企业合作开展实训项目等方式，让学生在实际操作中加深对物联网技术的理解。

针对中职学生的特点，应该在教学方法上进行创新。可以采用案例教学、项目教学等教学方式，让学生在实际操作中学习和掌握知识，提高学习兴趣和积极性。同时，也可以利用现代教学手段，如多媒体教学、网络教学等，使教学更加生动、形象，提高教学效果。

应该加强校企合作，为学生提供实践机会和就业渠道。通过与物联网相关企业建立合作关系，可以为学生提供实习和实训的机会，让他们在实际工作环境中学习和应用所学知识。同时，企业也可以从学校选拔优秀的毕业生，为自身的发展注入新鲜血液。

另外，还应该加强师资队伍建设。物联网技术发展迅速，教师也需要不断更新自己的知识和技能。学校可以组织教师参加相关的培训和学术交流活动，提高他们的教学水平和专业素养。同时，学校也可以引进具有丰富实践经验的行业专家来校授课或开设讲座，为学生提供更广阔的视野和更深入的理解。

中职物联网专业的发展需要从多个方面入手，从教材建设、课程设置、实践教学、校企合作到师资队伍建设等方面进行全面改革和完善。只有这样，才能培养出更多具有创新精神和实践能力的物联网专业人才，为我国的物联网产业发展贡献力量。

针对中职物联网专业目前所面临的问题，急需构建一套既符合中职学生实际水平，又能与物联网行业应用紧密结合的课程体系，也急需开发一套适合中职学生的物联网专业教材，这套教材应兼顾理论与实践，注重知识的连贯性和层次性，确保学生在学习的过程中能够逐步深入，逐步掌握物联网的核心知识和技能。

在教学革新过程中,应特别关注中职学生的英语和数学基础薄弱的问题,尽可能地采用直观、生动的教学方式,将复杂的编程概念以简单易懂的方式呈现给学生。同时,可以引入一些趣味性的教学项目,将物联网的应用场景与学生的日常生活相联系,激发学生的学习兴趣和积极性。加强科任教师之间的沟通与协作,让各教师共同制定教学计划,确保物联网三层架构开设的课程能够紧密衔接,避免出现脱节的情况。

需要完善物联网专业的实践教学环节,加强学生的实践能力培养。学校可以与企业合作,建立实践基地,让学生有机会参与真实的物联网项目,通过实践来巩固和拓展所学知识,提高自己的综合素质和竞争力。

针对中职物联网专业存在的问题,需要从多个方面入手,构建一套适合中职学生的课程体系,加强学生的实践能力培养,为物联网行业的发展培养更多优秀的人才。中职物联网专业作为新兴的教育领域,在教材、课程设置以及实践教学等方面都面临着诸多挑战。只有通过全面深化改革,才能确保该专业的教学质量和发展前景得到有效提升。

2.2.3 物联网实训虚拟仿真系统的通信结构

中职物联网实训设备是针对物联网相关专业的学生设计的一套实验和实训工具,旨在帮助学生更好地理解和掌握物联网技术及其应用。这些设备通常包括各种传感器、控制器、通信模块以及相应的软件和平台,以模拟真实的物联网环境,并提供丰富的实训项目和实践机会。在中职物联网实训中,学生可以通过这些设备学习物联网的基本概念和原理,掌握物联网设备的选型、配置和调试方法,了解物联网通信协议和数据传输方式,以及学习如何应用物联网技术解决实际问题。具体而言,中职物联网实训设备包括以下几类。

① 传感器设备:如温度传感器、湿度传感器、光照度传感器等,用于采集环境数据。

② 控制器设备:如单片机、PLC等,用于对物联网设备进行控制和管理。

③ 通信模块:如 Wi-Fi 模块、蓝牙模块、ZigBee 模块等,用于实现物联网设备之间的通信和数据传输。

④ 实训平台:用于提供实训项目、实验案例以及相应的软件工具和开发环境,方便学生进行实践操作和项目开发。

通过物联网实训设备的学习和实践,学生可以提升自己的技能水平和实践能力,为将来从事物联网相关工作打下坚实的基础。同时,这些设备也可以为学校提供物联网技术应用和研究的支持,推动物联网技术在教育领域的普及和发展。

物联网应用层开发是中职物联网实训中的重要组成部分,它主要负责处理感知层采集的数据,并将其转化为有价值的信息,从而实现对物理世界的实时控制、精确管理和科学决策。在开发物联网应用层时,要明确应用层的功能需求和目标。物联网应用层需要处理来自感知层的大量数据,因此必须具备高效的数据处理能力。同时,应用层还需要根据业务需求,对数据进行计算、分析和挖掘,以提供有价值的信息和决策支持。智能家居系统的数据流程如图2-2所示。

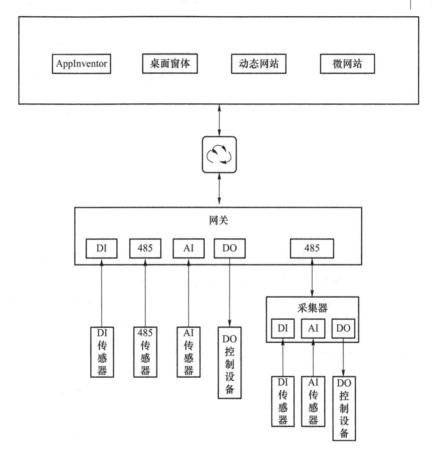

图2-2 智能家居系统的数据流程图

中职物联网实训设备的种类繁杂,价格昂贵,若学生在实训过程中使用不规范,则设备损耗非常大,这会造成设备故障率高,从而影响教学。学生在家没有物联网设备,远程教学时有些课程无法开展。因此应用物联网实训虚拟仿真系统显得尤为必要,但目前市场缺少适用于中职物联网专业的虚拟仿真系统。

由于在学习程序设计时,学生没有设计过物联网管理系统,所以学生在安装好感知层和网络层设备后,不能设计好应用层的程序。这是因为程序设计课程没有对物联网项目设计进行针对性教学。因此作者根据多年教学经验,自主开发了智能家居虚拟仿真系统,如图2-3所示。

图 2-3 作者自主开发的智能家居虚拟仿真系统

该系统采用 B-S 架构,用户登录后可以创建自己的家居系统,在家居系统中可以自由添加客厅、卧室、厨房等空间,在空间中添加各种设备并设置好设备的云变量(标识),各种设备数据既可以上传于阿里云,智能家居虚拟仿真系统也可以通过 HttpPost 方式与 C♯、Java、Python 开发的程序交互数据。基于仿真系统的智能家居系统的数据流程如图 2-4 所示。

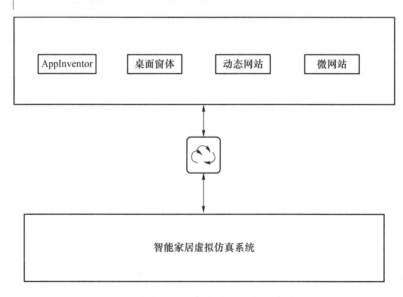

图 2-4 基于仿真系统的智能家居系统的数据流程图

2.3 智能家居虚拟仿真系统的程序设计接口

用户登录系统后自主创建家居系统,可以添加客厅、书房、厨房、卧室等空间,在各空间中添加各种物联网设备,并命名设备的云变量(标识),设备的数据、状态既可以保存于数据库,也可以上传于阿里云。应用C#、Java、Python、AppInventor等语言开发的智能家居管理系统,可以实现与智能家居虚拟仿真系统进行数据交互。智能家居虚拟仿真系统与智能家居管理系统的数据流程如图2-5所示。

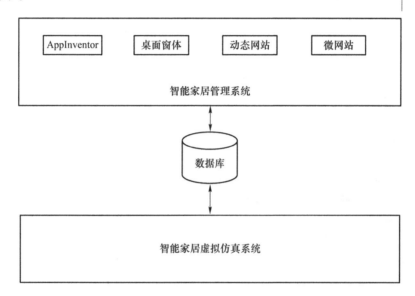

图2-5 智能家居虚拟仿真系统与智能家居管理系统的数据流程图

在中职程序设计的教学中一般教授基本的语法。在将开发智能家居管理系统作为教学项目时,为了减少学生对枯燥编程学习的抵触情绪,本书将复杂的数据传输程序代码简化,将智能家居管理系统与智能家居虚拟仿真系统进行通信的代码设计成简单的类库和SDK,并设计不同的程序设计项目模板,以方便学生学习调用,让学生学习程序设计时无压力,提高教学成效。下文列举了3种不同的程序设计。

2.3.1 C#程序设计

在新建的智能家居管理系统C#项目中,添加教师设计好的IOT类,设置需要访问的虚拟仿真系统,调用相关函数可以获取传感器的数据和设备的开关控制,具体的函数调用如下。

1. 设置数据源

自定义设置数据源的函数接口为 ldzz.Iot.userId(string userId)。当 userId 为学号时,数据来源于虚拟仿真系统;当 userId 为网关网址时,数据来源于真实的硬件设备。

2. 获取设备值

自定义设备值获取的函数接口为 ldzz.Iot.GetDeviceValue(string deviceId)。其中 deviceId 为设备标识(虚拟仿真系统中自定义的传感器标识)。具体的代码设计如下:

```
1.  public string GetDeviceValue(string device)
2.  {
3.      string userId = SetIotTarget();
4.      string value = "";
5.      if (userId.Length > 10)
6.          value = GetZqian(userId, device);
7.      else
8.          value = HttpPost(iotUrl + "? action = GetDeviceValue&userId = " + userId + "&device = " + device, "");
9.      if (value == "")
10.         value = "0";
11.     return value;
12. }
13.
14. public string GetDeviceValue()
15. {
16.     string userId = SetIotTarget();
17.     if (userId.Length > 10)
18.         return GetZqian(userId);
19.     else
20.         return HttpPost(iotUrl + "? action = HomeData2&userId = " + userId, "");
21.
22. }
```

3. 设置设备值

自定义设置设备值的函数接口为 ldzz.Iot.SetDeviceValue(string deviceId, string value)。它可以用于控制设备的开、关,deviceId 为被控制设备的标识,value 为设备值,比如,若设备为灯,则当 value 为 1 时开灯,当 value 为 0 时关灯。具体的代码设计如下：

```
1. public string SetDeviceValue(string device, string value)
2. {
3.     string userId = SetIotTarget();
4.     if (userId.Length > 10)
5.         return SetZqian(userId, device + "=" + value);
6.     else
7.     {
8.         JObject job = new JObject();
9.         job.Add("action", "SetDevice");
10.        job.Add("lamp", device);
11.        job.Add("value", value);
12.        job.Add("userId", userId);
13.        return HttpPost(iotUrl + "? action = SetDevice", job.ToString());
14.    }
15. }
```

2.3.2 微网站设计

在微网站设计教学中，本书专门为智能家居虚拟仿真系统配套设计了 SDK 的 JS 文档，用微网站开发的智能家居管理系统在加载该 SDK 的文档后自动与服务器实时通信，以获取传感器数据。设计的微网站网页需要在 head 标签范围内添加 ldJs.js 的 SDK 文档，并按要求设置相关标签的属性，这样可以快速显示传感器数据，也可以控制设备的开、关状态。因此，可以高效设计移动应用的智能家居管理系统，具体的设置要求如下。

1. 账号设置

在 body 标签中添加 userId 属性。userId 属性值为网关地址时，控制网站设备；userId 属性值为学号时，控制仿真系统。例如：

< body userId = "192.168.22.9">

< body userId = "11009">

如果要求在系统运行后用户能修改账号，可以在 input 标签中添加 userId 属性（替代 body 标签中的 userId 属性），实现微网站对仿真系统或物联网设备的数据获取与设备控制，例如：

< input type = "text" userId = "11009" />

<!--虚拟仿真系统账号设置，当 userId 值为 IP 时，可以控制真实的硬件设备-->

SDK 的代码设计如下：

```
1.  var userId = $("body").attr("userId");
2.  $userIdInput = $("input[userId]");
3.  //如果有 userId 属性的文本框,将该文本框的 userId 值替代 body 的 userId 属性值,并重新设计文
本框的风格样式
4.  if ($userIdInput.length > 0) {
5.      userId = $userIdInput.attr("userId")
6.      $userIdInput.val(userId)
7.      $userIdInput.addClass("form-control");
8.      $userIdInput.wrap('<div class = "input-group"></div>')
9.      $userIdInput.before('<span class = "input-group-addon">账号或网关 IP</span>')
10.     $userIdInput.after('<span id = "userDevice" class = "input-group-addon">设备状态</span>')
11.     $userIdInput.change(function () {
12.         userId = $(this).val()
13.     })
14. }
```

2. 设备数据或状态显示

调用 SDK 后,从 body 的 userId 属性或用户文本框的 userId 属性中获取用户账号,访问仿真系统后台,获取用户所有传感器、控制设备的数据,通过前端用户新建的 AD 传感器、DI 传感器、DO 控制设备等组件实时显示相关数据或状态。SDK 的代码设计如下:

```
1.  setInterval(getData, 2000);//每 2 秒加载一次所有设备的数据
2.  function getData() {
3.      $.ldPostJson("/iotData.ashx", {
4.          userId: userId,
5.          action:"GetDeviceValue"
6.      }, function (d) {
7.      //从获取的设备数量判断是否连接了仿真系统或真实的硬件系统
8.      if (Object.keys(d).length == 0) {
9.          $("#userDevice").text("设备未连接");
10.         $("#userDevice").css({
11.             "color": "red"
12.         })
13.     } else {
14.         $("#userDevice").text("设备正常");
15.         $("#userDevice").css({
16.             "color": "black"
17.         })
18.     }
```

```
19. //*遍历从仿真系统获取的所有设备和值 */
20. for (var key in d) {
21. //key 为后台获取的传感器或控制设备的云变量名,查找 device 属性值,将该云变量名的组件赋值
    给 $ obj 对象
22. var $ obj = $ ("[device='" + key + "']");
23. if ( $ obj.length > 0) {
24. //如果 dType 属性值为 AD,则是 AD 传感器,在该组件显示传感器值
25. if ( $ obj.attr("dType") == "AD")
26. $ obj.text(d[key]);
27. //如果 dType 属性值为 DI,则是 DI 传感器,根据用户的不同设置显示相应效果
28. if ( $ obj.attr("dType") == "DI") {
29. $ obj.text(d[key]);
30. if (d[key] == "1") {
31. $ obj.text( $ obj.attr("txt1")); //如果有设置 txt1,则当值为 1 时显示 txt1 的内容
32. $ obj.css({
33. "color": $ obj.attr("color1") //如果有设置 color1,当值为 1 时显示 color1 的颜色
34. });
35. } else {
36. $ obj.text( $ obj.attr("txt0")); //如果有设置 txt0,则当值为 1 时显示 txt0 的内容
37. $ obj.css({
38. "color": $ obj.attr("color0") //如果有设置 color0,则当值为 1 时显示 color0 的颜色
39. });
40. }
41. }
42. //如果是灯、锁、窗帘、排气扇等控制设备,则进行图片或状态设置
43. if ( $ obj.attr("dType") == "DO") {
44. $ obj.each(function () {
45. if (( $ (this).prop('tagName').toLowerCase()) == "img") {
46. //如果是 img 组件,则关(值为 0)时,显示关的图片(offImg 为图片路径)
47. if (d[key] == "0")
48. $ (this).attr("src", $ (this).attr("offImg"));
49. else
50. //如果是 img 组件,则开(值为 1)时,显示开的图片(onImg 为图片路径)
51. $ (this).attr("src", $ (this).attr("onImg"));
52. console.log( $ (this).attr("src"))
53. }
54. //如果 class 类有 btn 的按钮组件,根据值不同,设置是否激活(active)按钮状态
55. if ( $ (this).hasClass('btn')) {
56. if ( $ (this).attr("value") == 0) {
```

```
57.    //如果仿真系统的设备值和组件的value值都是0,则该组件为关闭状态
58.    if (d[key] == "0")
59.        $(this).addClass("active");
60.    else
61.        $(this).removeClass("active");
62.    }else if($(this).attr("value") == 1){
63.    //如果仿真系统的设备值和组件的value值都是1,则该组件为激活状态
64.    if (d[key] == "1")
65.        $(this).addClass("active");
66.    else
67.        $(this).removeClass("active");
68.    }else{
69.    //如果组件没有value属性,则是否激活取决于仿真系统的设备值
70.    if (d[key] == "1")
71.        $(this).addClass("active");
72.    else
73.        $(this).removeClass("active");
74.    }
75.    }
76.    })
77.    }
78.    }
79.    }
80.    })
81.    }
```

3. AD 传感器数据显示

在 span 标签中,添加属性 device,其属性值为传感器云变量;添加属性 dType,若其属性值为 AD ,则实时显示该传感器的值。例如:

<span device = "gzd" dType = "AD"></span>

4. DI 传感器数据获取

在 span 标签中,添加属性 device,其属性值为传感器云变量;添加属性 dType,若其属性值为 DI ,则实时显示 DI 传感器的值。根据传感器值设置显示文本,如果传感器值为1,则设置 txt1 值,如果传感器值为0,则设置 txt0 值;根据传感器值设置显示文本颜色,如果传感器值为1,则设置 color1 值,如果传感器值为0,则设置 color0 值。例如:

< span device = "hy" dType = "DI" txt1 = "传感器值为 1 时要显示的文本" txt0 = "传感器值为 0 时要显示的文本" color1 = "传感器值为 1 时要显示的文本" color0 = "传感器值为 0 时要显示的文本"></span>

5．控制灯、排气扇、门等设备的开关状态切换

在 button 标签中，应当增设一个名为 device 的属性，该属性的值应设定为控制设备的云变量。同时，应增加 value 属性，并将其属性值设定为 1 或 0。此外，还需添加一个名为 dType 的属性，并将其属性值设置为 DO，以实现通过单次点击按钮操作对控制设备进行开启或关闭的功能。前端 HTML 标签的设计示例如下：

< button device = "wsdeng" value = "1" dType = "DO">开卧室灯</button >
< button device = "wsdeng" value = "0" dType = "DO">关卧室灯</button >

在未设定 value 属性时，系统将自动获取当前控制设备的实时状态。若检测到状态码为 1，即设备处于开启状态，则首次点击按钮将触发关闭控制设备的操作；若随后再次点击按钮，则将执行打开控制设备的动作。因此，通过每次对按钮的点击操作，可实现控制设备开关状态的切换。前端 HTML 标签的设计如下：

< button device = "wsdeng" dType = "DO">卧室灯</button >

设计效果如图 2-6 所示。

图 2-6　设计效果

SDK 的代码设计如下：

```
1.  //*点击控制设备组件,设置灯、锁、窗帘等控制设备的状态(值) */
2.  $("[dType='DO']").click(function () {
3.      var value;
4.      var device = $(this).attr("device");
5.      if(typeof($(this).attr("value")) == "undefined")
6.          value = " - 1";//如果 DO 组件没有定义 value 属性,则变量 value 为 -1。仿真系统接收到
                         值为 -1 的 value 时会将设备取 1,0(开、关)的反值。
7.      else
8.          value = $(this).attr("value");
9.      $.ldPost("/iotData.ashx", {
10.         userId: userId,
11.         action:"SetDeviceValue",
12.         device: device,
13.         value: value
14.     },function(d) {
```

```
15.         console.log("设置成功");
16.     })
17. })
```

6. 图片单按钮开关控制

如果需要实现点击一次完成按钮开关控制的切换,则需要添加属性device,其属性值为传感器云变量;添加属性 dType,其属性值为 DO;添加onImg 属性,其属性值为开(值为1)的图片路径;添加 offImg 属性,其属性值为关(值为0)的图片路径。前端 HTML 标签的设计示例如下:

< img device = "dtdeng" dType = "DO" onImg = "/img/lamp_on.png" offImg = "/img/lamp_off.png" />

SDK 的代码设计如下:

```
1. $obj.each(function () {
2.     if (($(this).prop('tagName').toLowerCase()) == "img") {
3. // 如果是 img 组件,则关(值为0)时,显示关的图片(offImg 为图片路径)
4.         if (d[key] == "0")
5.             $(this).attr("src", $(this).attr("offImg"));
6.         else
7. // 如果是 img 组件,则开(值为1)时,显示开的图片(onImg 为图片路径)
8.             $(this).attr("src", $(this).attr("onImg"));
9.         console.log($(this).attr("src"))
10.     }
11. })
```

7. BootStrap 按钮开关控制

将 class 值为.btn 的 HTML 标签作为开关按钮,可以实现开和关不同状态时的颜色切换。SDK 的代码设计如下:

```
1. $obj.each(function () {
2. // 如果 class 类有 btn 的按钮组件,根据值不同,设置是否激活(active)按钮状态
3.     if ($(this).hasClass('btn')) {
4.         if ($(this).attr("value") == 0) {
5. // 如果仿真系统的设备值和组件的 value 值都是 0,则该组件为激活状态
6.             if (d[key] == "0")
7.                 $(this).addClass("active");
8.             else
9.                 $(this).removeClass("active");
10.         }
```

```
11.         else if ( $ (this).attr("value") == 1){
12. // 如果仿真系统的设备值和组件的 value 值都是 1 时,则该组件为激活状态
13.           if (d[key] == "1")
14.             $ (this).addClass("active");
15.           else
16.             $ (this).removeClass("active");
17.         }
18.         else {
19. // 如果组件没有 value 属性,则是否激活取决于仿真系统的设备值
20.           if (d[key] == "1")
21.             $ (this).addClass("active");
22.           else
23.             $ (this).removeClass("active");
24.         }
25.       }
26.   })
```

2.3.3 AppInventor 安卓开发

AppInventor 是一种图形化积木式编程环境,简单易懂,常用于培养初学者的编程思维,在中职学校信息技术专业中比较受欢迎。本书创建了 AppInventor 模板,预先设计了模块数据获取的过程,以及模块设备值设置的过程。学生可以通过快速调用这两个过程,从而设计出运行于安卓系统的智能家居管理系统,如图 2-7 所示。

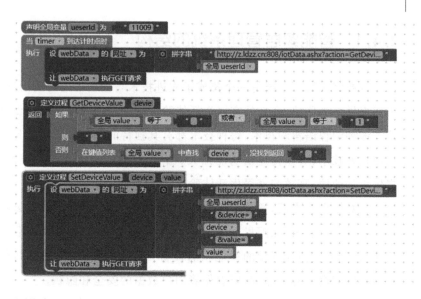

图 2-7 AppInventor 设计的模块数据获取、模块设备值设置过程

2.4 智能家居管理系统的教学项目

"智能家居安装与调试"作为物联网综合实训的经典项目,涵盖了丰富的技术知识和实践技能,对于物联网专业的学生来说,具有重要的教育价值和实践意义。智能家居管理系统是物联网三层结构中的核心应用层,因此开发智能家居管理系统是物联网综合实训的重点内容。

智能家居管理系统通过综合运用物联网技术,将家庭中的各类设备、传感器和执行器连接起来,形成一个智能化、自动化的家居环境。该系统能够实现家庭环境的监控和管理,提升家居生活的舒适度和便捷性。

在智能家居管理系统的安装与调试过程中,学生需要掌握一系列关键技能。首先,学生需要了解硬件设备的安装与配置,包括传感器、执行器等设备的选择和安装位置的确定,以及设备的接线和配置。其次,学生需要了解网络通信的基本原理和配置方法,确保各设备之间能够正常通信和传输数据。最后,学生需要掌握软件平台的搭建和配置,包括数据库的建立、应用界面的设计以及功能的实现等。

为了使学生更好地理解和掌握智能家居管理系统的安装与调试技能,实训过程通常会提供丰富的案例和实验项目。例如,学生可以通过模拟真实的家庭环境进行设备的安装和配置,实现家居环境的监控。同时,实训过程还会引入一些实际的应用场景,如智能照明系统、智能安防系统等,让学生在实际操作中加深对智能家居管理系统的理解和应用。

2.4.1 智能家居管理系统的结构

智能家居管理系统是一个集成了先进技术与创新理念的前沿项目,旨在为人们提供更为便捷、高效的家居生活体验。智能家居管理系统的设计与开发涉及了多种编程语言和技术,每种技术都有其独特的优势和适用场景。通过综合运用这些技术,可以构建出功能强大、稳定、可靠的智能家居管理系统,为人们提供更加便捷、高效的家居生活体验。

在数据交互方面,智能家居管理系统可以通过公有云和私有云进行数据传输和处理。公有云(如阿里云、腾讯云、华为云等)提供了强大的数据存储和计算能力,能够支持大规模的智能家居设备接入和数据处理。同时,公有云还具有高度的安全性和可靠性,能够保障用户数据的安全和隐私。

对于一些对数据安全有更高要求的场景,私有云则是一个更好的选择。私有云可以由企业或个人自行搭建和维护,能够更好地控制数据的访问和传输。本书便采用了自己开发的私有云作为智能家居管理系统的数据交互平台,确保了数据的安全性和可控性,如图2-8所示。

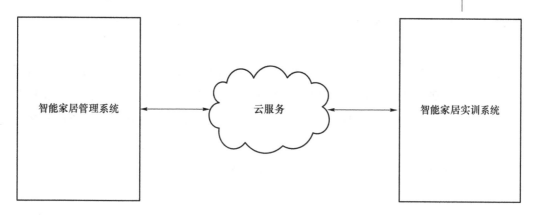

图 2-8　智能家居管理系统数据传输

2.4.2　智能家居管理系统的设计语言

智能家居管理系统的设计与开发可以使用多种设计语言和技术,包括Java、C♯等,每种设计语言都有其独特的优势和适用场景。

Java作为一种广泛应用的编程语言,以其强大的跨平台能力和丰富的类库资源,成为智能家居管理系统开发的重要选择。Java语言具有严谨的结构和强大的功能,能够支持复杂的系统设计和开发,确保智能家居管理系统的稳定性和可靠性。C♯作为微软公司推出的编程语言,同样在智能家居管理系统的开发中发挥着重要作用。C♯具有简洁明了的语法和强大的面向对象编程能力,使得开发者能够更加高效地构建智能家居管理系统的各项功能。此外,C♯还具有良好的跨平台兼容性,使得智能家居管理系统可以在不同的操作系统上运行。C♯设计的智能家居管理系统如图2-9所示。

微网站设计也是智能家居管理系统开发的重要工具。通过运用先进的网页技术,开发者能够创造出具备丰富交互功能的智能家居管理界面,让用户能够轻松自如地管理和控制家居设备,享受智能化的家居生活。智能家居管理系统采用网页技术,如HTML、CSS和JavaScript等,可将家居设备的控制与管理功能集成在一个易于访问和操作的界面上。通过微网站,用户可以在手机、平板电脑或计算机等设备上随时随地查看家居设备的状态,并进行远程控制。无论是调整室内温度、开和关灯光,还是监控安防系统,只需轻轻一点,即可轻松实现。

微网站设计不仅提供了便捷的操作体验,还为用户带来了个性化的智能家居管理界面。开发者可以根据用户的需求和喜好,定制出风格各异的界面,如简约现代、古典复古、卡通可爱等风格。同时,微网站设计还支持自定义设置,用户可以根据自己的使用习惯调整界面的布局和功能,让智能家居管理更加符合个人口味。

除了便捷和个性化,微网站设计还具备强大的扩展性和兼容性。随着智能家居设备的不断更新和升级,微网站可以轻松地添加新的设备类型和控制功能,满足用户日益增长的需求。同时,微网站还可以与其他智能家居系统或平台进行对接,实现跨平台的数据共享和互通,为用户提供更加全面的智能家居体验。微网站设计的智能家居管理系统如图2-10所示。

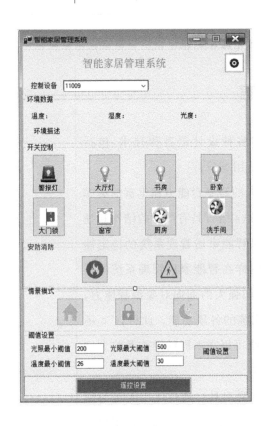
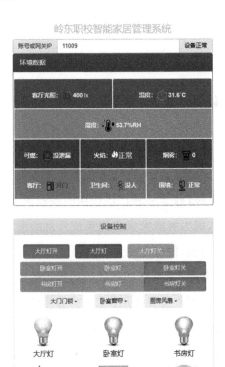

图2-9 C#设计的智能家居管理系统　　　　图2-10 微网站设计的智能家居管理系统

微信小程序以其轻量级、易传播的特点为智能家居管理系统的普及提供了极大的便利。相较于传统的App,微信小程序无须下载安装,只需通过扫描二维码或搜索即可直接打开,这大大降低了用户的使用门槛。同时,微信小程序还具备跨平台性,能够在不同的操作系统和设备上流畅运行,进一步拓宽了用户群体。

微信小程序在智能家居管理系统中的应用场景丰富多样。例如,用户可以通过微信小程序远程控制家中的智能设备,如灯光、空调、窗帘等,实现智能化管理。微信小程序还能提供实时数据监测功能,让用户能随时了解家中设备的运行状态和能耗情况,从而更好地进行节能管理。同时,微信小程序还具备社交属性,用户可以分享小程序给亲朋好友,从而带动更多的人了解和使用智能家居管理系统。这种社交传播方式不仅提高了微信小程序的曝光率,还促进了智能家居管理系统的普及和应用。微信小程序设计的智能家居管理系统如图 2-11 所示。

此外,AppInventor 作为一种面向非专业开发者的编程工具,也为智能家居管理系统的开发提供了可能。通过 AppInventor,即便是没有编程基础的用户也能够通过拖拽组件和设置属性的方式,快速构建出具有基本功能的智能家居管理系统。AppInventor 设计的智能家居管理系统如图 2-12 所示。

图 2-11 微信小程序设计的智能家居管理系统　　图 2-12 AppInventor 设计的智能家居管理系统

2.4.3 智能家居管理系统的数据通信

在当下科技日新月异的时代,智能家居管理系统以其便捷、高效的特点,逐渐成为了现代家庭中不可或缺的一部分。该系统可以采用多种编程语言进行开发,旨在构建一个全面、高效的家居管理平台,以提升用户的生活品质。

以自主开发的私有云为数据交互中心,可以获取智能家居虚拟仿真系统的数据,并控制智能家居虚拟仿真系统的设备。此外,该系统还能够与智能家居实训系统(即真实的智能家居硬件系统)实现无缝的数据交互,确保用户能够在一个统一的平台上对智能家居系统进行全面、高效的管理与控制。用户可以在一个统一的平台上,对智能家居系统进行全面、高效的管理与控制。无论是在虚拟仿真系统中,还是在真实的硬件系统中,用户都可以轻松地进行设备的监控、配置和调整,实现家居环境的智能化和个性化。智能家居管理系统的数据通信如图 2-13 所示。

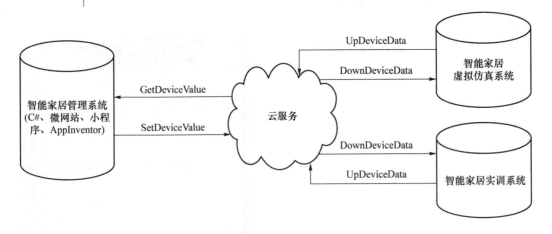

图 2-13 智能家居管理系统的数据通信

在程序设计课程中以虚拟仿真系统为测试平台,设计一个智能家居管理系统教学项目,将各种程序设计的知识点分解并渗透于这个教学项目中,由于有了生动形象的控制效果,因此学生会更有兴趣地学习枯燥的程序设计课程。同时,学生可以在程序设计课程中将自己设计的智能家居管理系统应用于物联网的综合训练课所安装调试的硬件设备上。该项目将程序设计中的各类知识点进行细化,并将其巧妙地融入教学之中,旨在通过生动直观的控制效果,激发学生对程序设计课程的学习热情,从而提升其学习效果。

为了降低学生中职学生学习程序设计的难度,可以在私有云服务中设计相应的通信类库接口,以便学生能够更加便捷地进行开发与实践。这不仅丰富了程序设计课程的教学内容,还通过实践应用提升了学生的技能水平,为培养具备创新能力和实践能力的优秀人才奠定了坚实基础。数据接口如下:

(1) 接口一

ldzz.Iot.userId = "http://192.168.X.X";　//当 userId 为学号时,数据来源于仿真系统;当 userId 为网关网址时,数据来源于硬件设备。

(2) 接口二

ldzz.Iot.GetDeviceValue(string device);　//获取设备的值,device 为设备标识(云变量),跟自己在仿真系统中自定义的传感器标识一致。

(3) 接口三

ldzz.Iot.SetDeviceValue(string device, string value);　//控制设备的开与关,device 为被控制设备的标识(云变量),value 为设备值,比如,若设备为灯,则当 value 为 1 时开灯,当 value 为 0 时关灯。

物联网涵盖感知层、网络层和应用层三个层面,在专业建设过程中,需开设相应的专业课程。然而,在传统的教学实践中,应用层课程的教材及授课内容与物联网的整体框架的联系不够紧密,导致教学效果不尽如人意。特别是学生在完成这些课程的学习后,再进行物联网的综合实践课程(比如智能家居的安装与调试)时,常常出现知识结构断裂的情况,这无疑对整体教学效果构成了严重的影响。

为此本书提出采用智能家居虚拟仿真系统作为教学平台,以此实现物联网核心课程之间的有机融合。这一举措不仅能够有效减少硬件设备的损耗,同时也能够显著提升线上教学实训的效果。这样的方式可以有效地提升教学质量,为学生提供更加全面、深入的物联网学习体验。学生可以在仿真系统中搭建自己的家居设备,充分体验智能家居系统的运行,理解物联网三层架构的工作原理。在程序设计教学过程中,以学习、开发智能家居管理系统作为贯穿整个课程的教学项目,这样学生在开发管理系统中可学习程序设计的知识点,在调试过程中可直观形象地控制仿真系统,就像真实地控制自己的家居。在智能家居虚拟仿真系统测试成功的智能家居管理系统可以控制物联网综合实训课程中的真实硬件设备,实现无缝对接。

第 3 章
C♯程序设计物联网教学实践

C♯是微软公司发布的一种高级程序设计语言,它遵循 C 和 C++的面向对象编程理念,并运行在.NET Framework 和.NET Core 上(后者完全开源且具备跨平台特性)。C♯与 Java 存在显著相似性,包括单一继承、接口定义、近似的语法结构以及编译成中间代码再执行的运行机制。然而,C♯与 Java 亦存在显著差异,它汲取了 Delphi 的某些特性,实现了与 COM(组件对象模型)的直接集成,并在微软公司的.NET Windows 网络框架中扮演核心角色。

作为一种由 C 和 C++衍生而来的编程语言,C♯在确保安全、稳定、简洁与优雅的同时,继承了二者的强大功能,并剔除了部分复杂特性,如宏定义和多重继承的限制。C♯融合了 VB 的可视化操作便捷性与 C++的高效运行特性,其强大的操作能力、优雅的语法风格、创新的语言特性以及对面向组件编程的便捷支持,使其成为.NET 开发领域的首选语言。

C♯作为面向对象的编程语言,使程序员能够迅速构建基于 MICROSOFT.NET 平台的各种应用程序。MICROSOFT.NET 平台提供了一系列丰富的工具和服务,旨在最大限度地开发计算与通信领域的潜力。此外,C♯使得 C++程序员能够高效开发程序,同时可通过调用 C/C++编写的本机原生函数,保持原有强大功能的完整性。这种继承关系使得 C♯与 C/C++在诸多方面具备高度相似性,从而便于熟悉类似语言的开发者快速转向 C♯的开发工作。

3.1 中职物联网专业的 C♯程序设计

3.1.1 中职物联网专业开设"C♯程序设计"课程的意义

在当今数字化时代,物联网技术作为连接物理世界与数字世界的桥梁,正日益受到重视。

C♯作为一种功能强大且易于学习的编程语言,在物联网应用开发中发挥着重要作用。通过学习C♯,学生能够掌握物联网应用开发中常用的编程技巧和方法,从而能够更好地应用物联网技术解决实际问题。

物联网技术是一个不断创新和发展的领域,需要学生具备创新思维和解决问题的能力。在"C♯程序设计"课程中,学生将通过实践项目锻炼自己的创新能力,学会在解决实际问题中不断探索和尝试新的方法和技术。

随着物联网技术的广泛应用,掌握C♯编程技能的物联网专业人才在就业市场上具有较大的竞争力。通过学习"C♯程序设计"课程,学生将为自己未来的职业发展增添更多的选择和机会。

中职物联网专业开设"C♯程序设计"课程具有重要意义。它不仅能够增强学生的技术应用能力,培养学生的创新思维,还能够为学生的职业发展空间增添更多可能性。因此,应该高度重视并积极推进这门课程的建设与发展。

3.1.2 利用C♯程序设计智能家居管理系统

C♯程序设计在智能家居管理系统中的应用日益广泛,可以应用TCP/IP协议通过HttpPost方式实现对云服务的便捷访问。在这个系统中,自主开发的云服务接口发挥着至关重要的作用。其中,GetDeviceValue()函数接口是获取智能家居设备状态信息的核心。

GetDeviceValue()函数接口的设计充分考虑了智能家居虚拟仿真系统以及实际智能家居实训系统的需求。通过该接口,可以精确地获取传感器采集的数据(包括温度、湿度、光照强度等环境参数),以及控制设备的当前状态(如开关状态、亮度等级等)。这些信息为系统的智能控制和决策提供了重要依据。

SetDeviceValue()函数接口则是实现智能家居设备精确操控的关键。通过该接口,可以向云服务发送控制指令,云服务再向智能家居虚拟仿真系统发送控制指令,从而实现对各类控制设备(如灯、排气扇、窗帘、门等)的精确操控。例如,可以根据环境参数的实时变化,自动调节灯光亮度、排气扇转速等,为用户提供更加舒适、节能的居住环境。

在整个智能家居管理系统中,C♯程序设计展现出了稳定、可靠的性能。它确保了数据的准确传输和设备的有效控制,为系统的稳定运行提供了有力保障。同时,C♯程序设计还具有较高的灵活性和可扩展性,可以根据实际需求进行定制和优化,满足不同场景下的智能家居管理需求。随着物联网技术的不断发展,智能家居管理系统将逐渐实现更加智能化、自动化的控制。C♯程序设计作为其中的关键技术之一,将继续发挥重要作用,推动智能家居管理系统的不断升级和完善。

C#程序设计在智能家居管理系统中的应用具有广泛的应用前景和重要的实践价值。通过精准获取设备状态信息和精确控制设备操作，可以为用户提供更加便捷、舒适、节能的智能家居体验。C#程序设计的智能家居管理系统的数据通信如图3-1所示。

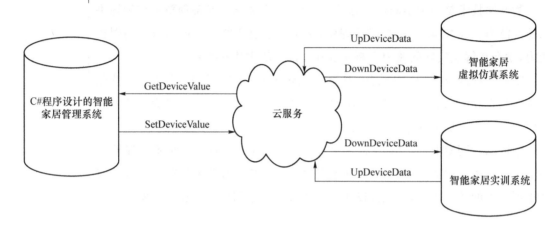

图3-1 C#程序设计的智能家居管理系统的数据通信

3.2 C#程序设计教学案例

3.2.1 项目需求

某客户拥有一套二房一厅一卫的房子，为确保其居住环境的舒适与便捷，需对其家居进行智能化改造。具体改造需求如下。

1. 灯光控制方面

① 在客厅、卧室、洗手间及书房等区域安装智能灯具，实现灯光的智能控制功能，以提供更为灵活和个性化的照明体验。

② 设计情景模式功能(包括回家、离家和睡眠三种模式)。在不同模式下，系统能自动调整各区域的灯光亮度、色温等参数，以营造适宜的居住氛围。

2. 环境监测方面

① 在客厅设置环境监测设备，实时采集光照、温度、PM2.5及湿度等环境数据。

② 进行数据分析与展示，这样客户可随时了解家居环境状况，并根据需要进行相应调整，以维持舒适、健康的居住环境。

3. 消防与安防警报方面

① 部署消防警报系统,实时监控火灾隐患。一旦发现异常情况,系统将及时发出警报提醒,确保客户能迅速采取应对措施。

② 设置安防警报功能,当客户离家或休息时,系统能提供全方位的安全警报提醒,确保家居安全无虞。

为满足客户上述需求,将设计一款智能家居管理系统。该系统将综合运用现代智能控制技术、传感器技术及数据分析技术,实现对客户家居(仿真系统)的有效管理与控制。通过该系统,客户将能享受到更为便捷、舒适和安全的家居生活体验。

3.2.2 家居建设

为了提升家居的舒适性与安全性,在各房间内配置一系列传感器和控制设备,以营造更加智能、便捷的居住环境。具体而言,将安装环境传感器,其用于实时监测室内的温度、湿度等环境参数,以便及时调节室内环境,提升居住舒适度。同时,安防传感器的设置将有效增加家居的安全性,一旦发生异常情况,系统将迅速响应并采取相应的安全措施。此外,消防传感器的部署也是必不可少的,它们能够在发生火灾等紧急情况下及时发现并报警,为居民的安全提供有力保障。

除了传感器外,还需要为房间配置窗帘、灯、排气扇等控制设备。这些设备均可通过智能系统进行远程控制,实现一键开关、定时设置等功能,这将极大地提升居住的便捷性。这一系列的智能化改造可以为用户打造一个更加舒适、安全、便捷的家居环境。

在教学过程中可以应用智能家居虚拟仿真系统模拟真实的家居环境,为C#开发的智能家居管理系统提供模拟测试平台。根据项目需求,需在仿真系统中,针对个人家居环境,新建以下五个空间场所:客厅、卧室、洗手间、书房以及厨房。

① 在客厅中,需添加以下模块及设备:a. 光照度传感器、温度传感器、湿度传感器、PM2.5环境传感器,以全面监测客厅内的环境参数;b. 红外对射传感器和门磁等安防传感器,以提升家居安全性;c. 客厅灯和门锁等控制设备,以实现便捷的光照调节和出入管理。

② 在书房内,需安装书房灯,以满足阅读和工作时的照明需求。

③ 在洗手间中,需配置人体感应器、排气扇以及洗手间灯,以确保洗手间内的舒适度和安全性。

④ 在卧室中,需安装卧室灯和窗帘控制设备,以营造舒适的睡眠环境并便

于调节室内光线。

⑤ 厨房是家居中的重要区域,需安装火焰传感器、可燃气体传感器、烟雾传感器等安全监测设备,以及排气扇,以确保厨房使用的安全性并保持良好的通风环境。

请按照以上要求进行家居安装,并确保各设备正常运行,以实现家居环境的智能化管理和安全保障。家居搭建如图 3-2 所示。

图 3-2　家居搭建

3.2.3　系统开发文件

① 打开学习资料(名为 1_智能家居网站模板文件的文件夹),复制 eg.aspx、eg.aspx.cs、index.html 等三个文件到自己的网站文件夹中。

② 修改 index.html 文件中的代码:

a. 修改 title 的内容为"×××同学智能家居管理系统",×××为自己的名字;

b. 修改相关代码,在 index.html 显示出自己的智能家居虚拟仿真系统。

3.2.4　界面设计

在自己的站点下,打开 eg.aspx 文件,按参考界面(如图 3-3 所示)布局,添

加相应的组件,并按如下要求修改:

① 修改标题的内容为"×××同学智能家居管理系统",×××为自己的名字;

② 设置"×××同学智能家居管理系统"为艳丽字体颜色;

③ 设置灯、窗帘、排气扇等图片按钮的图片路径属性,显示相应的设备图片;

④ 设置回家、离家、睡眠三种情景下按钮的提示信息,当鼠标在该按钮停留时显示相应提示信息;

⑤ 分别设置 4 个 Panel 的文本为当前环境数据、安防消防警报、情景模式设置、开关控制;

⑥ 设置安防、消防图片按钮的宽度为 150 px。

图 3-3 智能家居管理系统的参考界面

3.2.5 功能设计

1. 设备控制

① 点击开关控制界面的排气扇、灯、窗帘、门锁等图片按钮,每点击一次可以实现设备开和关功能的切换。通过调用 ldzz.Iot.GetDeviceValue() 函数,并传入控制设备的云变量名作为参数,可获取该设备的当前状态信息。随后,根据获取到的设备状态进行判断:若设备状态等于 1,即设备处于开启状态,则通过调用 ldzz.Iot.SetDeviceValue() 函数,设置参数 1 为设备云变量名,设置参数 2 为 0,发送指令控制设备关闭;若设备状态不为 1,即设备处于关闭状态,则通过同样的函数调用方式,设置参数 2 为 1,发送指令控制设备开启。

② 具体的代码设计如下:

```
1.  //********卧室灯按钮单击事件********
2.  protected void wsDengBtn_Click(object sender, ImageClickEventArgs e)
3.  {
4.      //获取的卧室灯的状态值不是0就是1,如果是1则设置卧室灯的状态为0,否则设置为1
5.      if (ldzz.Iot.GetDeviceValue("wsdeng") == "1")
6.          ldzz.Iot.SetDeviceValue("wsdeng", "0");
7.      else
8.          ldzz.Iot.SetDeviceValue("wsdeng", "1");
9.  }
10. //********书房灯按钮单击事件********
11. protected void sfDengBtn_Click(object sender, ImageClickEventArgs e)
12. {
13.     //获取的书房灯的状态值不是0就是1,如果是1则设置书房灯的状态为0,否则设置为1
14.     if (ldzz.Iot.GetDeviceValue("sfdeng") == "1")
15.         ldzz.Iot.SetDeviceValue("sfdeng", "0");
16.     else
17.         ldzz.Iot.SetDeviceValue("sfdeng", "1");
18. }
19. //********洗手间灯按钮单击事件********
20. protected void wcDengBtn_Click(object sender, ImageClickEventArgs e)
21. {
22.     //获取的洗手间灯的状态值不是0就是1,如果是1则设置洗手间灯的状态为0,否则设置为1
23.     if (ldzz.Iot.GetDeviceValue("wcdeng") == "1")
24.         ldzz.Iot.SetDeviceValue("wcdeng", "0");
25.     else
```

26.   ldzz.Iot.SetDeviceValue("wcdeng", "1");
27.   }
28. //********洗手间排气扇按钮单击事件********
29.   protected void wcFanBtn_Click(object sender, ImageClickEventArgs e)
30.   {
31.   //获取的设备状态值不是0就是1,用1减去设备值就会得到相反的值,再将此值设置为设备的值,就可以实现单按钮控制
32.   ldzz.Iot.SetDeviceValue("wcfan", (1 - Convert.ToInt16(ldzz.Iot.GetDeviceValue("wcfan"))).ToString());
33.   }
34. //********厨房排气扇按钮单击事件********
35.   protected void cfFanBtn_Click(object sender, ImageClickEventArgs e)
36.   {
37.   //获取的设备状态值不是0就是1,用1减去设备值就会得到相反的值,再将此值设置为设备的值,就可以实现单按钮控制
38.   ldzz.Iot.SetDeviceValue("cffan", (1 - Convert.ToInt16(ldzz.Iot.GetDeviceValue("cffan"))).ToString());
39.   }
40. //********客厅门锁按钮单击事件********
41.   protected void msBtn_Click(object sender, ImageClickEventArgs e)
42.   {
43.   //获取的设备状态值不是0就是1,用1减去设备值就会得到相反的值,再将此值设置为设备的值,就可以实现单按钮控制
44.   ldzz.Iot.SetDeviceValue("ms", (1 - Convert.ToInt16(ldzz.Iot.GetDeviceValue("ms"))).ToString());
45.   }

③ 实时获取排气扇、灯、窗帘、门锁的状态,相应的按钮能反映当前设备的开关状态。开关控制如图3-4所示。

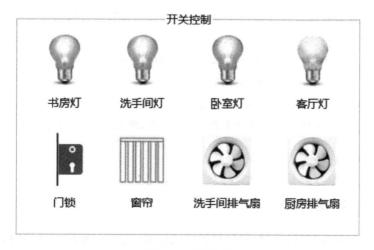

图3-4 开关控制

在设备 Timer1 计时器的 interval 属性被设定为 2 000 的情境下,Timer1_click 过程将会以两秒为间隔被触发执行。在此过程中,程序会调用 ldzz.Iot.GetDeviceValue() 函数,用以获取控制设备的当前状态值。随后,根据获取到的设备状态值,程序将动态地修改设备图片按钮的路径。这种方式实现了设备按钮图片的实时变化效果,确保了用户界面与设备状态的同步更新。具体的代码设计如下:

```
1.  protected void Timer1_Tick1(object sender, EventArgs e)
2.  {    //************各种控制设备(灯、排气扇、窗帘、门锁)的状态图标切换
3.      dtDengBtn.ImageUrl = (ldzz.Iot.GetDeviceValue("dtdeng") == "1") ? "~img/lamp_on.png" : "~img/lamp_off.png";//判断当前灯的状态,将开、关灯的图片地址赋值给灯图片按钮的 ImageUrl 属性
4.      wsDengBtn.ImageUrl = (ldzz.Iot.GetDeviceValue("wsdeng") == "1") ? "~img/lamp_on.png" : "~img/lamp_off.png";//判断当前灯的状态,将开、关灯的图片地址赋值给灯图片按钮的 ImageUrl 属性
5.      sfDengBtn.ImageUrl = (ldzz.Iot.GetDeviceValue("sfdeng") == "1") ? "~img/lamp_on.png" : "~img/lamp_off.png";//判断当前灯的状态,将开、关灯的图片地址赋值给灯图片按钮的 ImageUrl 属性
6.      wcDengBtn.ImageUrl = (ldzz.Iot.GetDeviceValue("wcdeng") == "1") ? "~img/lamp_on.png" : "~img/lamp_off.png";//判断当前灯的状态,将开、关灯的图片地址赋值给灯图片按钮的 ImageUrl 属性
7.      wcFanBtn.ImageUrl = (ldzz.Iot.GetDeviceValue("wcfan") == "1") ? "~img/fan.gif" : "~img/fan.png";//判断当前洗手间排气扇的状态,将开、关排气扇的图片地址赋值给排气扇图片按钮的 ImageUrl 属性
8.      cfFanBtn.ImageUrl = (ldzz.Iot.GetDeviceValue("cffan") == "1") ? "~img/fan.gif" : "~img/fan.png";//判断当前厨房排气扇的状态,将开、关排气扇的图片地址赋值给灯图片按钮的 ImageUrl 属性
9.      msBtn.ImageUrl = (ldzz.Iot.GetDeviceValue("ms") == "1") ? "~img/ms2.png" : "~img/ms.png";//判断门锁状态,将开、关锁的图片地址赋值给门锁图片按钮的 ImageUrl 属性
10.     chuangLianBtn.ImageUrl = (ldzz.Iot.GetDeviceValue("wsChuangLian") == "1") ? "~img/chuangLian.png" : "~img/chuangLian2.png";   //判断当前窗帘的状态,将开、关窗帘的图片地址赋值给窗帘图片按钮的 ImageUrl 属性
11.     //************结束各种控制设备(灯、排气扇、窗帘、门锁)的状态图标切换
12. }
```

2. 情景模式

点击回家、离家、睡眠三种模式按钮,实现三种模式的切换,同时按钮图片

也相应地变化,比如,点击离家模式时,离家模式按钮以鲜艳图片显示,其他回家和睡眠模式按钮则以灰色显示,如图3-5所示。

图3-5 情景模式

Timer1_click过程将会以两秒为间隔被触发执行。在此过程中,程序会调用ldzz.Iot.GetDeviceValue()函数,用以获取情景模式云变量mode的当前状态值。随后,如果获取到的mode值为1则为回家模式,此时回家模式按钮以鲜艳图片显示,离家和睡眠模式按钮以灰色图片显示;如果获取到的mode值为2则为离家模式,离家模式按钮以鲜艳图片显示,回家和睡眠模式按钮以灰色图片显示;如果获取到的mode值为3则为睡眠模式,睡眠模式按钮以鲜艳图片显示,离家和回家模式按钮以灰色图片显示。具体的代码设计如下:

1. protected void Timer1_Tick1(object sender, EventArgs e)
2. {   //******显示当前情景模式状态,获取情景模式,显示相对应的模式激活图片**********
3. 　　　　modeBtn1.ImageUrl = "~img/" + ((ldzz.Iot.GetDeviceValue("mode") == "1") ? "home2.png" : "home.png");//获取当前情景模式值,如果为回家模式,则显示回家模式激活图片,否则显示失效图片
4. 　　　　modeBtn2.ImageUrl = "~img/" + ((ldzz.Iot.GetDeviceValue("mode") == "2") ? "lock2.png" : "lock.png");//获取当前情景模式值,如果为离家模式,则显示离家模式激活图片,否则显示失效图片
5. 　　　　modeBtn3.ImageUrl = "~img/" + ((ldzz.Iot.GetDeviceValue("mode") == "3") ? "sleep2.png" : "sleep.png");//获取当前情景模式值,如果为睡眠模式,则显示睡眠模式激活图片,否则显示失效图片
6. 　　　　//******结束当前情景模式状态显示**********
7. }

① 点击回家模式按钮,实现打开客厅灯和窗帘。调用ldzz.Iot.SetDeviceValue()函数接口,设置情景模式云变量mode的值为1;同时设置客厅灯、窗帘的设备值为1。具体的代码设计如下:

1. //**************回家模式按钮单击事件**************
2. protected void modeBtn1_Click(object sender, ImageClickEventArgs e)
3. {
4. 　　　　ldzz.Iot.SetDeviceValue("mode", "1");//若设情景模式值为1,则为回家模式

```
5.        ldzz.Iot.SetDeviceValue("dtdeng","1");//回家模式开灯
6.        ldzz.Iot.SetDeviceValue("wsChuangLian","1");//打开窗帘
7.    }
```

② 点击离家模式按钮,实现关闭所有灯、排气扇。调用 ldzz.Iot.SetDeviceValue()函数接口,设置情景模式云变量 mode 的值为 2;同时设置灯、排气扇的设备值为 0。具体的代码设计如下:

```
1. //*************离家模式按钮单击事件**************
2. protected void modeBtn2_Click(object sender, ImageClickEventArgs e)
3. {
4.        ldzz.Iot.SetDeviceValue("mode","2");//若设情景模式值为2,则为离家模式
5.        ldzz.Iot.SetDeviceValue("dtdeng","0");//关客厅灯
6.        ldzz.Iot.SetDeviceValue("wsdeng","0");//关卧室灯
7.        ldzz.Iot.SetDeviceValue("sfdeng","0");//关书房灯
8.        ldzz.Iot.SetDeviceValue("wcdeng","0");//关厕所灯
9.        ldzz.Iot.SetDeviceValue("wcfan","0");//关厕所排气扇
10.    }
```

③ 点击睡眠模式按钮,实现关闭所有的灯、窗帘、排气扇。调用 ldzz.Iot.SetDeviceValue()函数接口,设置情景模式云变量 mode 的值为 3;同时设置灯、窗帘、排气扇等的设备值为 0。具体的代码设计如下:

```
1. //*************睡眠模式按钮单击事件**************
2. protected void modeBtn3_Click(object sender, ImageClickEventArgs e)
3. {
4.        ldzz.Iot.SetDeviceValue("mode","3");//若设情景模式值为3,则为睡眠模式
5.        ldzz.Iot.SetDeviceValue("dtdeng","0");//关客厅灯
6.        ldzz.Iot.SetDeviceValue("wsdeng","0");//关卧室灯
7.        ldzz.Iot.SetDeviceValue("sfdeng","0");//关书房灯
8.        ldzz.Iot.SetDeviceValue("wcdeng","0");//关厕所灯
9.        ldzz.Iot.SetDeviceValue("wcfan","0");//关厕所排气扇
10.       ldzz.Iot.SetDeviceValue("wsChuangLian","0");//关窗帘
11.    }
```

3. 环境监测

① 实时显示当前光照、温度、湿度、空气质量等环境数据。Timer1_click 过程将会以两秒为间隔被触发执行。在此过程中,程序会调用 ldzz.Iot.GetDeviceValue()函数,用以获取光照、温度、湿度、空气质量等传感器的云变量值。将获取到的

值和相应的单位连接后赋值于光照、温度、湿度、空气质量的 label。具体的代码设计如下:

```
1. protected void Timer1_Tick1(object sender, EventArgs e)
2. {
3.     //*******显示当前环境数据*********
4.     msgLab.Text = "光照:" + ldzz.Iot.GetDeviceValue("gzd") + "lx  ";//获取当前光照度值,并赋值给标签的 text 属性。格式:光照 100lx
5.     msgLab.Text + = "温度:" + ldzz.Iot.GetDeviceValue("wd") + "°C  ";//获取当前温度值,并赋值给标签的 text 属性。格式:温度 31°C
6.     msgLab.Text + = "湿度:" + ldzz.Iot.GetDeviceValue("sd") + "%  ";//获取当前湿度值,并赋值给标签的 text 属性。格式:湿度 85%
7.     msgLab.Text + = "空气质量:" + ldzz.Iot.GetDeviceValue("kqzl") + "μg/m";//获取当前空气质量,并赋值给标签的 text 属性。格式:空气质量 50μg/m
8.     //*****结束显示当前环境数据*********
9. }
```

② 用适当的文字实时描述当前的光照、温度、湿度、空气质量等状况。比如:当光照度值大于 500 lx 时,文字描述为明亮;当光照度值大于 300 lx 而小于 500 lx 时,文字描述为较亮;当光照度值大于 100 lx 而小于 300 lx 时,文字描述为较暗;当光照度值小于 100 lx 时,文字描述为昏暗。环境数据显示如图 3-6 所示。

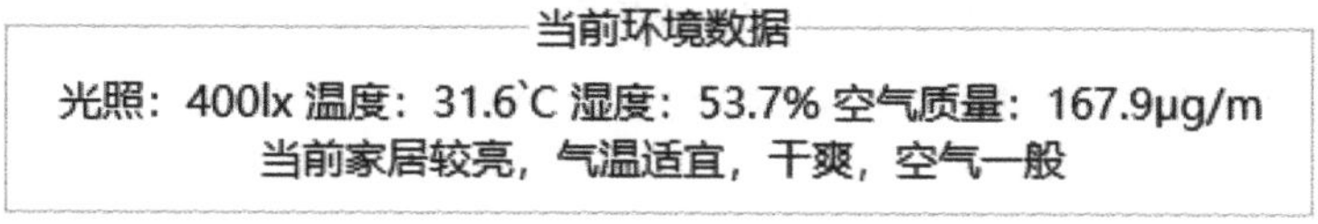

当前环境数据
光照: 400lx 温度: 31.6°C 湿度: 53.7% 空气质量: 167.9μg/m
当前家居较亮, 气温适宜, 干爽, 空气一般

图 3-6 环境数据显示

在 Timer1_click 过程中,程序会调用 ldzz.Iot.GetDeviceValue() 函数,用以获取光照、温度、湿度、空气质量等传感器的云变量值。判断传感器值在哪一范围,对应显示相应的文字描述,具体的代码设计如下:

```
1. protected void Timer1_Tick1(object sender, EventArgs e)
2. {//*******应用 if 语句简写,将当前环境数据由数值转换成文字描述*********
3.     float gzd = Convert.ToSingle(ldzz.Iot.GetDeviceValue("gzd"));  //声明一个浮点型的光照度变量,获取当前光照度的值,并将该值转换为浮点型,最后将其赋值给变量。(数据类型有整数型 int、单精度 float、字符串 string。)
4.     float wd = Convert.ToSingle(ldzz.Iot.GetDeviceValue("wd"));  //声明一个浮点型的温度变量,获取当前温度的值,并将该值转换为浮点型,最后将其赋值给变量。(数据类型有整数型 int、单精度 float、字符串 string。)
```

5.   float sd = Convert.ToSingle(ldzz.Iot.GetDeviceValue("sd"));　//声明一个浮点型的湿度变量，获取当前湿度的值，并将该值转换为浮点型，最后将其赋值给变量。（数据类型有整数型int、单精度float、字符串string。）

6.   float kqzl = Convert.ToSingle(ldzz.Iot.GetDeviceValue("kqzl"));　//声明一个浮点型的空气质量的变量，获取当前空气质量的值，并将该值转换为浮点型，最后将其赋值给变量。（数据类型有整数型 int、单精度 float、字符串 string。）

7.   string gzdMsg =（gzd＞500）？"明亮"：（gzd＞300）？"较亮"：（gzd＞100）？"较暗"："昏暗"；//声明一个字符串型的光照度变量，应用 if 语句简写，光照度大于 500 赋值为"明亮"，大于 300 赋值为"较亮"，大于 100 赋值为"较暗"，其他赋值为"昏暗"。

8.   string wdMsg =（wd＞40）？"炎热"：（wd＞35）？"较高"：（wd＞26）？"适宜"："较凉"；//声明一个字符串型的温度变量，应用 if 语句简写，温度大于 40 时赋值为"炎热"，大于 35 时赋值为"较高"，大于 26 时赋值为"适宜"，其他赋值为"较凉"。

9.   string sdMsg =（sd＞90）？"非常潮湿"：（sd＞80）？"潮湿"：（sd＞30）？"干爽"："干燥"；//声明一个字符串型的湿度变量，应用 if 语句简写，湿度大于 90 时赋值为"非常潮湿"，大于 80 时赋值为"潮湿"，大于 30 时赋值为"干爽"，其他赋值为"干燥"。

10.   string kqzlMsg =（kqzl＞500）？"非常差"：（kqzl＞200）？"差"：（kqzl＞100）？"一般"：（kqzl＞30）？"良"："优"；//声明一个字符串型的空气质量变量，应用 if 语句简写，空气质量大于 500 时赋值为"非常差"，大于 200 时赋值为"差"，大于 100 时赋值为"一般"，大于 30 时赋值为"良"，低于 30 时赋值为"优"。

11.

12.   msgLab2.Text ="当前家居" + gzdMsg + ",气温" + wdMsg + "," + sdMsg + ",空气" + kqzlMsg；//声明一个字符串型的光照度变量，将光照度字符串变量、温度字符串变量、湿度字符串变量、空气质量变量用连接符连接并将其赋值给标签显示。

13.   // ********结束当前环境文字描述 *********

14.   }

4. 消防警报

  当厨房没有烟雾，没有火灾，没有可燃气体泄漏时，消防警报按钮图片以灰色显示；当厨房出现烟雾、火灾或可燃气体泄漏情况时，消防警报按钮图片以红色警报显示，如图 3-7 所示。

图 3-7　消防警报

Timer1_click 过程将会以两秒为间隔被触发执行。在此过程中,程序会调用 ldzz.Iot.GetDeviceValue()函数,用以获取烟雾、可燃气体、火焰等消防传感器的值。如果这些传感器中有任何一个传感器的值为 1,则认为发生了火灾,修改消防警报图片为鲜艳图片,触发消防警报;如果这些传感器的值都为 0,消防警报图片为灰色图片。具体的代码设计如下:

```
1. protected void Timer1_Tick1(object sender, EventArgs e)
2.    {//*******消防安全警报*********
3.        if (ldzz.Iot.GetDeviceValue("yanWu") == "1" || ldzz.Iot.GetDeviceValue("hy") == "1" || ldzz.Iot.GetDeviceValue("rq") == "1")//判断烟雾或者火焰值是否为"1"
4.            fireImg.ImageUrl = "~img/fire2.png";//条件成立,显示红色图片提醒
5.        else
6.            fireImg.ImageUrl = "~img/fire.png";//否则显示灰色图片
7.        if (ldzz.Iot.GetDeviceValue("rq") == "1")//判断是否有可燃气体泄漏
8.            ldzz.Iot.SetDeviceValue("cffan", "1");//条件成立时,开厨房排气扇,直到手动关闭
9.    //*****结束消防安全判断******
10.   }
```

5. 安防警报

在情景模式是离家、睡眠模式时,启动安防警报;安防警报启动时,当有人从阳台闯入(此时会阻挡红外对射)或打开大门时,安防警报按钮以红色显示。运行效果如图 3-8 所示。

图 3-8 安防警报

Timer1_click 过程将会以两秒为间隔被触发执行。在此过程中,程序会调用 ldzz.Iot.GetDeviceValue()函数,用以获取门磁、红外对射等安防传感器的值。在睡眠模式或离家模式时,如果这些传感器中有任何一个传感器值为 1,则认为有人入侵,修改安防警报图片为鲜艳图片,触发安防警报;如果这些传感器的值都为 0,安防警报图片为灰色图片。在回家模式时,不触发安防警报,安防警报图片为灰色失效状态。具体的代码设计如下:

```
1. protected void Timer1_Tick1(object sender, EventArgs e)
2.    {//***** 启动安防警报,当情景模式不是回家模式时(离家、睡眠模式)
3.        if (ldzz.Iot.GetDeviceValue("mode") != "1")//判断是否离家或睡眠模式(不等于回家模式)
```

4.   {
5.   if (ldzz.Iot.GetDeviceValue("hwds") == "1" || ldzz.Iot.GetDeviceValue("mc") == "1")//条件成立,再判断红外对射或者门磁值是否为"1"
6.   warnImg.ImageUrl = "~img/warn2.png";//条件成立,有人闯入显示红色图片
7.   else
8.   warnImg.ImageUrl = "~img/warn.png";//条件不成立,有人闯入显示灰色图片
9.   }
10.   else
11.   warnImg.ImageUrl = "~img/warn.png";//模式判断不成立(回家模式),有人闯入显示灰色图片
12.   //结束安防警报
13.   }

3.3 C#程序设计作品

在"C#程序设计"课程的实施过程中,学生借助智能家居虚拟仿真系统这一高效且直观的测试平台,模拟测试了创建的 Windows 项目或 Web 项目。他们充分利用所学的 C#知识,认真地设计出了功能简单的智能家居管理系统,实现了对家居环境的智能化管理与控制。教学实践表明,由于虚拟仿真系统提供了形象、生动的测试环境,因此学生的学习热情得到了极大的激发,他们能够掌握 C#编程的基础知识,并成功设计出简易而实用的智能家居管理系统。现将部分学生作品展示如下。

1. 作品一

2021 网络 1 班李敬诚同学的作品如图 3-9 所示。

图 3-9 2021 网络 1 班李敬诚同学的作品

2. 作品二

2021 网络 1 班张雨杭同学的作品如图 3-10 所示。

图 3-10　2021 网络 1 班张雨杭同学的作品

3. 作品三

2021 网络 1 班陈健同学的作品如图 3-11 所示。

图 3-11　2021 网络 1 班陈健同学的作品

4. 作品四

2021 网络 1 班严颖同学的作品如图 3-12 所示。

图 3-12　2021 网络 1 班严颖同学的作品

5. 作品五

2021 网络 1 班杨国栋同学的作品如图 3-13 所示。

图 3-13　2021 网络 1 班杨国栋同学的作品

第 4 章

微信小程序设计物联网教学实践

　　微信小程序这一便捷的移动应用形式,如今已深入我们的日常生活。用户无须烦琐地下载和安装,只需通过简单的扫描或搜索,便可轻松访问所需的小程序,从而极大地提升了应用的便捷性。无论是在公交车上,还是在家中沙发上,用户都能随时随地使用各种功能,满足日常生活需求,而不必担心手机内存被过多的应用占用。

　　对于开发者而言,微信小程序不仅简化了开发流程,还降低了开发难度。相较于传统的 App 开发,小程序开发的门槛相对较低,能够满足各种简单的基础应用需求。特别是在生活服务类线下商铺以及非刚需应用的转换方面,小程序展现了巨大的优势。利用微信小程序,商家可以轻松地为用户提供预约、点餐、支付等服务,提高了服务效率,也提升了用户体验。

　　小程序开发采用的前端技术与 Web 开发相似,如 WXML、WXSS 和 JavaScript 等,这使得开发者能够利用现掌握的前端技术进行开发,进一步降低了学习和使用的成本。这也意味着更多的开发者能够参与到小程序的开发中,为小程序生态的繁荣发展贡献了力量。

　　在智能家居管理领域,微信小程序同样展现出了强大的潜力。其即用即走的特性极大地提升了用户体验,用户无须安装额外的 App,只需通过微信即可轻松管理家中的智能设备。同时,小程序具备良好的跨平台兼容性,能够在不同的操作系统和设备上流畅运行,这为用户提供了极大的便利。通过参与微信小程序的开发和应用,学生们能够深入了解用户需求和市场趋势,从而培养出更加敏锐的市场洞察力和更强的创新能力。这种能力对于未来的职业发展至关重要,将使学生们在激烈的市场竞争中脱颖而出。

　　微信小程序作为一种便捷、高效的应用形式,在提升用户体验、推动开发者生态发展以及促进信息技术行业进步等方面发挥着重要作用。因此,应该充分利用这一平台,通过开设相关课程、组织活动及竞赛等方式,推动微信小程序在中职学校中的普及和应用,为培养更多优秀的信息技术人才贡献力量。

在中职学校的计算机网络、物联网、人工智能等信息技术专业中推进微信小程序的应用，开设相关的课程无疑具有深远的意义。这不仅能够提升学生的技能水平，培养学生的创新思维，还能够推动信息技术行业的发展。通过学习和实践微信小程序开发，学生们能够掌握一种高效、便捷的应用开发方式，为未来的职业发展打下坚实的基础。

4.1 中职物联网专业的微信小程序设计

4.1.1 微信小程序的特点

微信小程序可以用于各种领域，如电商、餐饮、旅游、教育等领域。例如，在电商领域，商家可以通过微信小程序展示自己的商品，接收用户的订单，完成交易等。在餐饮领域，餐厅可以通过小程序提供在线订餐、预约、外卖等服务。在旅游领域，旅游景点可以通过小程序提供导览、订票等服务。在教育领域，教育机构可以通过小程序提供在线课程、考试报名、成绩查询等服务。由于小程序不存在入口，所以可以通过扫描二维码进入，这带来了极大的便利。同时，微信小程序依托微信的庞大用户群体和社交属性，具有天然的流量优势。微信小程序的特点主要体现在以下几个方面。

① 便捷性：微信小程序无须下载安装，用户可以直接在微信内打开使用，省去了烦琐的安装步骤，节省了手机的存储空间。同时，小程序可以在微信内被便捷地获取，用户可以通过扫描二维码或搜索关键词就可快速进入小程序。

② 跨平台兼容性：微信小程序是跨平台的，可以在不同操作系统（如 iOS、Android 等）的微信客户端上运行，开发者无须对不同平台进行单独开发，这降低了开发成本，提高了应用的可达性和覆盖范围。

③ 轻量化：微信小程序通常体积较小，不会占用手机过多的存储空间，运行起来更加流畅。此外，微信小程序的启动速度快，用户可以即时使用，无须长时间等待。

④ 功能专一且丰富：每个微信小程序通常专注于提供某一方面的服务或功能，如点餐、购票、查询等。这种专一性使得微信小程序能够为用户提供更加精准和高效的服务。同时，随着技术的发展，微信小程序的功能也越来越丰富，可以满足用户多样化的需求。

⑤ 社交属性：微信小程序依托了微信的社交属性。因此用户可以将自己

喜欢的某个微信小程序分享给微信好友,从而扩大该某个微信小程序的影响力和用户群体。

⑥ 安全性:微信小程序在发布前需要经过微信的审核,这在一定程度上保证了微信小程序的安全性和稳定性。同时,微信还为微信小程序提供了多种安全机制,以确保用户数据的安全。

⑦ 易于推广和营销:微信小程序可以利用微信的庞大用户基础和社交功能进行推广和营销。商家可以通过微信小程序开展优惠活动、进行会员管理等,从而提高用户黏性和转化率。

微信小程序的特点使其成为一种高效、便捷、安全的移动应用解决方案,适用于各种场景和需求。微信小程序以其便捷性、跨平台兼容性、功能丰富性等特点,为用户和开发者带来了全新的应用体验。随着技术的不断发展和应用场景的不断拓展,微信小程序将会在未来发挥更大的作用。

4.1.2 中职物联网专业开设"微信小程序设计"课程的意义

物联网架构涵盖感知层的传感器、网络层的嵌入式系统与网络通信,以及应用层的程序开发等关键技术领域。在此背景下,鉴于微信小程序是一种具有广阔应用前景的移动应用形式,在中职物联网专业中引入"微信小程序设计"课程显得尤为必要,此举具有显著的教育价值与实践意义,这主要体现在如下几方面。

(1) 在技术融合与创新应用层面

物联网专业致力于技术的交叉融合与创新实践。微信小程序作为一种轻量级的移动应用平台,能够与物联网设备实现紧密集成,进而实现远程控制、数据采集与展示等功能。通过学习微信小程序设计,学生能够将物联网技术与移动互联网技术有效结合,开发出具备实用价值的物联网应用小程序,从而提升其技术的综合运用能力。

(2) 在增强学生就业竞争力方面

随着物联网行业的蓬勃发展,市场对具备物联网应用设计与开发能力的复合型人才的需求日益增长。微信小程序以其开发周期短、成本低廉、用户基数庞大等优势,成为物联网应用快速部署的理想选择。中职学生掌握小程序设计技能可以显著增强其就业竞争力。

(3) 在增强用户体验意识方面

物联网应用的最终目标是服务用户,因此良好的用户体验至关重要。通过"微信小程序设计"课程的学习,学生可以掌握设计用户友好的界面、优化交互流程等方面的知识。这对于提升物联网项目的整体价值和用户满意度具有积极意义。

(4) 在促进创新创业教育方面

微信小程序开发具有较低的门槛,适合学生快速实现新想法。通过学习,学生可以以较低的成本实现物联网创意项目的开发。这不仅有助于激发学生的创新思维,还为他们提供了将创意转化为实际产品的机会。

(5) 在适应行业趋势方面

随着 5G、AIoT 等技术的不断发展,物联网应用正逐步向智能化、个性化的方向演进。微信小程序作为连接用户与服务的桥梁,在物联网领域的应用前景广阔。开设"微信小程序设计"课程有助于学生紧跟技术前沿,为学生未来从事相关工作或进一步深造奠定坚实的基础。

"微信小程序设计"课程的开设丰富了中职物联网专业的课程体系,对于培养适应行业需求的高技能物联网专业人才具有重要意义。

4.1.3 应用微信小程序设计智能家居管理系统

在微信小程序设计的教学过程中,以设计智能家居管理系统为教学项目。将微信小程序设计的知识点分解于设计智能家居管理系统的项目中。应用 TCP/IP 协议,通过 HttpPost 方式,与自主开发的云服务进行数据通信。在系统中,自主开发的云服务接口发挥着至关重要的作用。其中,GetDeviceValue()函数接口是获取智能家居设备状态信息的核心。GetDeviceValue()函数接口的设计充分考虑了智能家居虚拟仿真系统以及实际智能家居实训系统的需求。通过该接口,可以精确地获取传感器所采集的数据(包括温度、湿度、光照强度等环境参数),以及控制设备的当前状态(如开关状态、亮度等级等)。这些信息为系统的智能控制和决策提供了重要依据。SetDeviceValue()函数接口则是实现智能家居设备精确操控的关键。通过该接口,可以向云服务发送控制指令,云服务再向智能家居虚拟仿真系统发送控制指令,从而实现对各类控制设备(如灯、排气扇、窗帘、门等)的精确操控。例如,可以根据环境参数的实时变化,自动调节灯光亮度、排气扇转速等,为用户提供更加舒适、节能的居住环境。

应用微信小程序设计的智能家居管理系统确保了数据的准确传输和设备的有效控制,为系统的稳定运行提供了有力保障。微信小程序设计的移动应用具有广泛的应用前景和重要的实践价值。通过精准获取设备的状态信息和精确控制设备操作,可以为用户提供了更加便捷、舒适、节能的智能家居体验。微信小程序设计的智能家居管理系统的数据通信如图 4-1 所示。

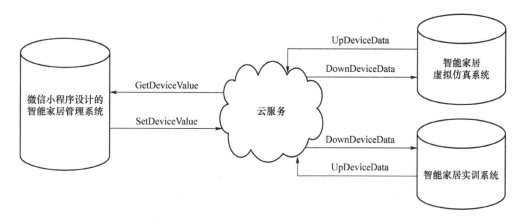

图 4-1 微信小程序设计的智能家居管理系统的数据通信

4.2 微信小程序设计教学案例

4.2.1 开发环境搭建

开发微信小程序前需要注册,获取 AppID。注册微信小程序的具体步骤如下。

① 打开微信公众平台的官网首页(https://mp.weixin.qq.com/),单击右上角的"立即注册"按钮。

② 在选择注册账号类型的页面,单击"小程序"。

③ 填写需要注册的邮箱、密码以及验证码后,单击前往"注册"按钮。请注意,需要使用之前没有在公众号注册过的邮箱,每个邮箱仅能申请一个小程序。填写完成后,系统会发送一封确认邮件到您的邮箱。

④ 登录您注册的邮箱,单击确认链接,激活账号。

⑤ 填写企业信息、主体信息和管理员信息,按照操作提示逐项填写内容。

⑥ 使用管理员本人微信扫描二维码进行验证,完成注册。注册后,扫码的微信号将成为该账号的管理员微信号。

注册成功微信小程序后,还需要进行开发设置。在配置了小程序的 AppID、服务器域名等信息后才能进行项目开发,设置微信小程序的步骤如下。

① 使用已认证的小程序账号登录微信公众平台。

② 进入"设置"页面,根据需要进行基本设置,包括设置小程序的名称、头像、介绍等,并根据经营需要选择相应的服务类目。

③ 在"开发设置"中,设置服务器域名及业务域名,并获取最新的 AppSecret。

④ 在"用户身份"的"成员管理"中,添加开发成员,并为其勾选相应的权限。

⑤ 在"开发管理"中,选择开发版本并提交,然后下载并保存体验版二维码。

完成以上步骤后,您已成功注册并设置了微信小程序。接下来,可以根据需要进行进一步的开发和配置工作,如添加开发者、设置小程序密钥等。

开发工具可以选择安装官方的微信开发者工具或者其他小程序开发环境的搭建工具,如易极赞、Megalo、Remax、京东 Taro、知晓云和 Coolsite360 等。这些工具提供了不同的功能,具有不同的特点,可以根据项目需求和个人偏好进行选择。

本书使用的是微信官方推出的小程序开发工具,该工具具备代码编辑、调试、实时预览及发布等功能。注册好微信小程序账号,并进行实名信息登记。进入小程序管理页面,在开发管理中找到并获取 AppID,这是小程序的唯一标识。项目初始化:使用开发工具创建或导入小程序项目,使用之前获取的 AppID 创建新项目。

在开发者工具中编写小程序的代码,包括页面结构、样式和逻辑的代码等,使用开发者工具进行代码调试,定位并修复错误。在开发者工具中单击预览,通过使用微信扫描二维码查看小程序效果。完成开发和测试后,提交审核并发布小程序。在搭建小程序开发环境时,还需要注意:确保操作系统、开发工具和开发语言等的配置正确,以便顺利进行小程序开发;了解并遵守小程序的开发规范,确保代码质量较高和用户体验较好。

4.2.2 项目需求

某客户拥有一套别墅,为提升居住品质,计划进行智能家居改造。为实现家居管理的便捷性与高效性,将采用微信小程序开发一款移动应用。此应用将为用户提供查询家居环境数据、接收消防及安防警报,并实现对家居灯光、窗帘、排气扇、门锁等设备的远程控制功能。

在教学环节,采用智能家居虚拟仿真系统来模拟搭建家居环境,以便更直观地展示智能家居管理系统的运作原理及操作流程。表 4-1 所示为具体的空间布局及家居设备配置情况。

表 4-1 具体的空间布局及家居设备配置情况

家居空间	AD 传感器	DI 传感器	DO 控制设备
客厅	温度传感器、湿度传感器、PM2.5 传感器、光照度传感器	门磁、红外对射传感器、人体感应器	客厅灯、门锁、报警灯
厨房		火焰传感器、烟雾传感器、可燃气体传感器	排气扇
卫生间	光照度传感器	人体感应器	排气扇、卫生间灯
书房	光照度、温度		风扇、书房灯
卧室	光照度		窗帘、卧室灯、风扇
花园	土壤		水龙头

通过以上配置,用户将能够体验到智能家居带来的便捷与舒适,同时在教学过程中,学生也能够深入了解智能家居系统的构建与应用。

4.2.3 界面设计

根据项目的具体要求,应用专业的 UI 原图设计工具(如 Figma、Sketch 等)对小程序的界面进行精心设计。在设计过程中,遵循简洁明了、易于操作的原则,确保用户能够轻松理解和使用界面。考虑到家居环境的多样性,根据房间的不同类型对界面进行划分。每个房间板块将展示与该房间相关的传感器数据、图标以及名称等信息,以便用户能够直观地了解各个房间的状态和情况。通过这种设计方式可为用户提供一款功能齐全、操作便捷的小程序界面,以提升用户的使用体验和满意度。智能家居管理系统小程序如图 4-2 所示。

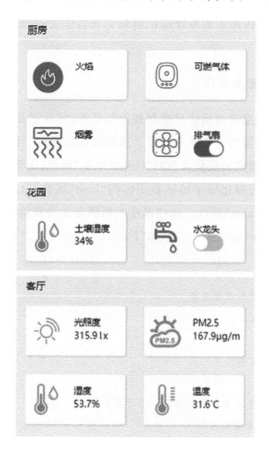

图 4-2 智能家居管理系统小程序

4.2.4 自定义组件设计

微信小程序允许开发者自定义组件，以便在多个页面中重复使用这些组件。自定义组件可以提高代码的可维护性和复用性，使开发过程更加高效。智能家居管理系统中的传感器和控制设备高频重复出现，因此需要设计一个名为 iotDevice 的模块设备自定义组件，用它来显示传感器的相关数据、图标，实现控制设备的开关控制。

在项目的 components 目录下创建一个新的文件夹，用于存放自定义组件。例如，你可以创建一个名为 iotDevice 的文件夹。在 iotDevice 文件夹中创建以下四个文件：iotDevice.wxml——组件的模板结构；iotDevice.wxss——组件的样式；iotDevice.js——组件的逻辑；iotDevice.json——组件的配置文件。

根据项目需求创建一个微信小程序的自定义组件"模块设备"，并在页面中使用它。可以根据需要继续扩展和完善自定义组件的功能和样式。具体实现如下。

1. JS 脚本设计

为了更准确地描述传感器和控制设备，在自定义的 iotDevice 组件中，详细定义了传感器的五个核心属性。这些属性包括用于标识传感器名称的"name"属性、用于指定云变量名称的"cloudName"属性、用于表明传感器类型的"type"属性、用于可视化展示传感器图标的"icon"属性，以及用于实时显示传感器设备数值的"value"属性。这些属性的精确定义将有助于提升组件的易用性和功能性。iotDevice 的属性定义如下：

```
1.  /**
2.   * 传感器自定义组件的属性列表
3.   */
4.  properties:{
5.      name:"",//显示名字
6.      icon:"",//图标
7.      type:null ,//类型,0 表示控制设备,1 表示传感器
8.      cloudName:"",//云变量名称
9.      value:""//设备数值
10. },
```

自定义组件除了包含传感器外，还涵盖了灯光、窗帘、门锁、排气扇等控制设备。为确保这些设备的正常运行与精确控制，需对其开、关功能进行明确定

义,并设定相应的切换事件。具体而言,当控制设备的值(value)被设定为 1 时,设备将处于开启状态;而当其值被设定为 0 时,设备将处于关闭状态。通过这样的设定,能够实现对这些控制设备的精准操控,以满足用户的个性化需求。具体定义如下:

```
1.  /**
2.   * 控制设备组件开、关切换的事件列表
3.   */
4.  methods:{
5.      onChanges(e){
6.          const detail = e.detail;
7.          const cloud = this.properties.cloudName;
8.          this.setData({
9.              'value': detail.value
10.         })
11.         this.triggerEvent("itemChange",{detail,cloud})
12.     }
13. }
```

2. JSON 配置设计

自定义组件 iotDevice 涵盖了行(row)、列(col)、按钮(button)、面板(panel)以及滑动开关(switch)等系统组件。为确保组件的正常运作,需对相关的系统组件路径进行精确配置。具体配置细节如下:

```
1.  {
2.      "component": true,
3.      "usingComponents": {
4.          "i-row": "../../dist/row/index",
5.          "i-col": "../../dist/col/index",
6.          "i-button": "../../dist/button/index",
7.          "i-panel": "../../dist/panel/index",
8.          "i-switch": "../../dist/switch/index"
9.      }
10. }
```

3. iotDevice 组件界面设计

根据智能家居设备的不同分类(type),自定义组件 iotDevice 分别对各设

备采用了不同的显示方式。具体而言,对于 AD 传感器,采用了明确的显示布局,包括标题(name)的明确标注、图标(icon)的直观展示以及值(value)的精确显示。对于 DI 传感器,则突出显示了标题和图标,并采用红色图标表示其值为 1 的状态,以及采用灰色图标表示其值为 0 的状态。对于 DO 控制设备,设计了包含标题、图标以及滑动开关的显示界面,用绿色图标表示开启状态,用灰色图标表示关闭状态。上述设计可以为用户提供更为直观、易用的智能家居设备信息显示与控制体验。显示效果如图 4-3 所示。

图 4-3　显示效果

AD 传感器、DI 传感器以及 DO 控制设备组件均采取卡片式布局设计。在界面中,使用 i 标记来清晰地展示各设备的图标,并利用类{{icon}}的样式特性来区分不同种类的图标。在 card-context 中,仅显示 AD 传感器的数值,而对于 DI 传感器和 DO 控制设备则不展示具体的数值。

为了更直观地展示 DI 传感器和 DO 控制设备的状态,在 wx:if 条件判断中,根据这些设备的不同值来动态地显示不同颜色的图标。

对于 DO 控制设备,需要绑定 onChanges 事件,以便实现对其开、关状态的有效控制。这一设计旨在提升用户体验,确保用户能够方便、准确地控制和管理各设备。具体的代码设计如下:

1. <!--components/iotDevice/iotDevice.wxml-->
2. < i-col span = "12" i-class = "col-class">
3. 　< view class = "card">
4. 　<!--传感器卡片左边部分 -->
5. 　< view class = "card-left">
6. 　<!--显示设备图标 -->
7. 　<!--DI 传感器设备类型(type == 2),状态为开(1)时图标红色 -->
8. 　< i class = "iconfont {{icon}}" wx:if = "{{(type == 2) && value == 1}}" style = "color:#ff0000;"></i>
9. 　<!--DI 传感器设备类型(type == 2)和 DO 控制设备(type == 0),状态为关(0)时图标灰色 -->
10. 　< i class = "iconfont {{icon}}" wx:if = "{{(type == 2 || type == 0) && value == 0}}" style = "color:#888;"></i>
11. 　<!--DO 控制设备(type == 0),状态为开(1)时图标绿色 -->
12. 　< i class = "iconfont {{icon}}" wx:if = "{{(type == 0) && value == 1}}" style =

```
        "color: #00aa00;"></i>
13.            <!--AD 控制设备(type==1),状态为开(1)时图标绿色 -->
14.            <i class="iconfont {{icon}}" wx:if="{{type==1}}"></i>
15.        </view>
16.        <!--传感器卡片右边部分 -->
17.        <view class="card-right">
18.            <!--显示传感器和控制设备的标题 -->
19.            <view><text class="card-title">{{name}}</text></view>
20.            <view wx:if="{{type==null}}">未定义</view>
21.            <!--如果是 DO 控制设备(type==0),显示滑动开关组件 -->
22.            <view wx:elif="{{type==0}}">
23.                <i-switch value="{{value*1}}" bind:change="onChanges"></i-switch>
24.            </view>
25.            <!--AD 传感器(type==1),显示具体传感器数据 -->
26.            <view wx:elif="{{type==1}}">
27.                <text class="card-context">{{value}}</text>
28.            </view>
29.        </view>
30.    </view>
31. </i-col>
```

4. 样式设计

使用自定义组件 iotDevice 显示各传感器、控制设备,每个 iotDevice 占用 1 列(.col-class)12 格(50%的页面),内嵌卡片(car)设置边框阴影等样式。卡片分为左边部分(car-left)、右边部分(car-right)、标题(car-title)、内容(car-context)等几部分。具体的代码设计如下:

```
1. /* 导入图标样式 */
2. @import"../../css/icon.wxss";
3. .col-class{
4.     padding: 15px;
5. }
6. .card{
7.     background-color: #fff;
8.     box-shadow: 3px 1px 5px 1pxrgba(172,172,172,0.35);
9.     padding: 10px;
10.    border-radius: 8px;
11.    height: 60px;
```

```
12.    display: flex;
13.    flex-direction: row;
14.    flex-wrap: nowrap;
15.    justify-content: flex-start;
16.    align-content: stretch;
17.    align-items: stretch;
18. }
19. .card-left{
20.    margin-top: 5px;
21.    width: 40%;
22.    height: 50px;
23.    text-align: center;
24. }
25. .card-right{
26.    margin-top: 5px;
27.    width: 60%;
28.    margin-left: 20px;
29.    height: 50px;
30. }
31. .card-title{
32.    font-size: 0.9rem;
33. }
34. .card-context{
35.    font-size: 15px;
36. }
```

5. 图标设计

微信小程序的项目文件不能超过 2 MB，所以智能家居管理系统中显示传感器时所需的大量图片需要采用线上图片。

阿里巴巴矢量图标库是一个专业且功能强大的资源平台。它提供了大量高质量、设计精良的矢量图标，涵盖了各个行业、场景和主题，满足了广大设计师和开发者在日常工作中的多样化需求。这些矢量图标具有多种优势。首先，它们具有高度的可扩展性和可编辑性，无论在任何尺寸或分辨率下，都能保持清晰和细腻的效果。其次，可以轻松地对矢量图标的颜色、形状和样式进行调整和修改，以适应不同的设计风格和项目需求。最后，这些图标还具有良好的兼容性，可以与各种设计软件和平台无缝对接，这极大地提高了工作效率。阿里巴巴矢量图标库不仅提供了丰富的图标资源，还具备完善的搜索和管理功能。用户可以通过关键词搜索快速找到所需的图标，也可以按照分类、标签等方式进行浏览和筛选。此外,用户还可以自定义下载图标,选择所需的格式和大小,用户特定的项目需求均可得到满足。

阿里巴巴矢量图标库包含大量的物联网图标,可以新建"物联网"项目,在此平台中搜索智能家居管理系统中所需的物联网模块设备图标,并将其添加收藏到自己新建的项目中。阿里巴巴矢量图标库如图 4-4 所示。

图 4-4　阿里巴巴矢量图标库

在新建的图标 CSS 样式文件 icon.wxss 中,导入阿里字体图标库。在导入的字体图标库中每个字体图标在相应网站均可查到相应的编号。在 iotDevice 自定义组件中显示相应传感器设备的图标,需要给每个传感器设备创建一个样式。比如,在阿里字体图标中查得 PM2.5 的编号为"",那么相应的样式为".icon-pm25:before { content:"\e6bd";}"。

具体的代码设计如下:

1. /*在阿里云新建物联网图标库,并导入 */
2. @font-face {
3. 　　font-family:'iconfont';/* Project id 4512477 */
4. 　　src:url('//at.alicdn.com/t/c/font_4512477_xrdv9gu2y1o.woff2?t=1714128874793') format('woff2'),
5. 　　url('//at.alicdn.com/t/c/font_4512477_xrdv9gu2y1o.woff?t=1714128874793') format

```
       ('woff'),
6.            url('//at.alicdn.com/t/c/font_4512477_xrdv9gu2y1o.ttf?t=1714128874793') format('truetype');
7.  }
8.  /*设置字体图标的大小、风格、颜色等样式 */
9.  .iconfont {
10.     font-family: "iconfont" ! important;
11.     font-size: 50px;
12.     font-style: normal;
13.     -webkit-font-smoothing: antialiased;
14.     -moz-osx-font-smoothing: grayscale;
15.     color: rgb(0, 183, 255);
16. }
17. /*设置光照字体图标 */
18. .icon-guangzhao:before {
19.     content: "\e88b";
20. }
21. /*设置人体字体图标 */
22. .icon-rentiruqin:before {
23.     content: "\e630";
24. }
25. /*设置温度字体图标 */
26. .icon-wendu:before {
27.     content: "\e62a";
28. }
29. /*设置灯字体图标 */
30. .icon-dengpao:before {
31.     content: "\e63e";
32. }
33. /*设置排气扇字体图标 */
34. .icon-fengshan:before {
35.     content: "\e642";
36. }
37. /*设置窗帘字体图标 */
38. .icon-chuanglian:before {
39.     content: "\e648";
40. }
41. /*设置湿度字体图标 */
42. .icon-shidu:before {
```

```
43.     content: "\e62e";
44.  }
45.  /*设置PM2.5字体图标*/
46.  .icon-pm25:before {
47.     content: "\e6bd";
48.  }
49.  /*设置警报灯字体图标*/
50.  .icon-jbd:before {
51.     content: "\e600";
52.  }
53.  /*设置门锁字体图标*/
54.  .icon-door:before {
55.     content: "\e64a";
56.  }
57.  /*设置红外对射字体图标*/
58.  .icon-hwds:before {
59.     content: "\e656";
60.  }
61.  /*设置门磁字体图标*/
62.  .icon-mc:before {
63.     content: "\e64d";
64.  }
65.  /*设置烟雾字体图标*/
66.  .icon-yw:before {
67.     content: "\e655";
68.  }
69.  /*设置可燃气体字体图标*/
70.  .icon-krqt:before {
71.     content: "\e887";
72.  }
73.  /*设置火焰字体图标*/
74.  .icon-hy:before {
75.     content: "\e603";
76.  }
77.  /*设置水龙头字体图标*/
78.  .icon-shuiLongTou:before {
79.     content: "\e657";
80.  }
```

4.2.5 功能设计

依据设计的界面,智能家居管理系统从用户在智能家居虚拟仿真系统中构建的家居环境中,加载出客厅、厨房、书房、卧室、花园、卫生间等空间。随后,在这些空间内加载并集成相应的传感器和控制设备。为实现上述功能,需在 JS 文档中定义房间数组以及模块设备数组,通过 wx:request 方法从虚拟仿真系统中获取房间的数据以及模块设备的数据。在 wxml 文件中运用 wx:for 指令进行数据的遍历渲染,渲染出各个空间,然后在每个空间内部再次运用 wx:for 指令渲染出对应的模块设备。

通过上述方式,智能家居管理系统能够准确地加载并展示用户在虚拟仿真系统中搭建的智能家居环境,实现家居空间的智能化管理与控制。

1. JS 脚本设计

在 JavaScript 脚本中,声明了一个名为 iotUrl 的全局变量,其用于加载虚拟仿真系统后台的数据服务器地址。此外,还声明了一个全局变量 userId。当 userId 的值为用户账号时,系统将加载虚拟仿真系统的智能家居数据;而当其值为 IP 地址时,则加载现实物联网硬件数据。

同时,在 JavaScript 中,定义了房间列表(roomList)和设备列表(deviceList)两个数组。这两个数组中的数据将在前端界面中展示,分别对应显示的房间信息和传感器、控制设备的信息。具体的代码设计如下:

```
1.  const iotUrl = "https://z.ldzz.cn/Sys/study/IOTdata.ashx";//加载虚拟仿真系统后台的数据服务器地址
2.  const userId = "11009" //如果是 IP 地址则加载现实物联网硬件数据,如果是账号则加载仿真系统的智能家居数据
3.  Page({
4.    data:{
5.      roomList:new Array(),//定义房间列表
6.      deviceList:new Array()//定义设备列表
7.    },
8.    onLoad(){
9.      this.deviceLoad(this);//加载房间和设备列表
10.   }})
```

应用 wx:request 从虚拟仿真系统服务器中加载房间和传感器、控制设备的数据,将其添加到 roomList 和 deviceList 数组中,并渲染到前端视图,实现显示出相关的房间和设备。具体的代码设计如下:

```
1.  //从虚拟仿真系统加载房间和传感器、控制设备的数据,并渲染到前端视图
2.  deviceLoad:function(that) {
3.    wx.request({
4.      url: iotUrl,//仅为示例,并非真实的接口地址
5.      data: {
6.        action:"UserDeviceList",
7.        userId: userId
8.      },
9.      header: {
10.       'content-type': 'application/json' // 默认值
11.     },
12.     success(res) {
13.       // console.log(res.data.Data);
14.       var dL = new Array(); //定义一个设备临时数组
15.       var rL = new Array(); //定义一个房间临时数组
16.       // 从虚拟仿真系统服务器返回的数据(res.data.Data)中遍历所有房间和传感器、控制设备
17.       for (let device of res.data.Data) {
18.         // pId 值为 0 时房间
19.         if (device["pId"] == 0) {
20.           // 将房间的 name、id 值 push 到房间临时数组 rL
21.           rL.push({
22.             name: device["name"],
23.             id: device["id"],
24.           })
25.         }else {
26.           //pId 值是设备房间的 id,非 0 则是传感器或控制设备
27.           dL.push({
28.             //将传感器、控制设备的 name、cloudName、icon、type、pId、value 等数据 push 至设备的临时数组
29.             name: device["name"],
30.             cloudName: device["cloudName"],
31.             icon:"icon-" + device["icon"],
32.             type: device["type"],
33.             pId: device["pId"],
34.             value: (device["value"] * 1 + device["unit"])
35.           });
36.         }
37.       }
38.       // 将房间临时数组从逻辑层发送至视图层(异步),同时改变 this.data 对应的 roomList 值(同步)
39.       that.setData({
```

```
40.             roomList: rL
41.         });
42.         // 将设备临时数组从逻辑层发送至视图层(异步),同时改变 this.data 对应的 deviceList
    值(同步)
43.         that.setData({
44.             deviceList: dL
45.         });
46.         //定时加载设备数据
47.         setInterval(that.dataLoad, 2000);
48.     }
49.     });
50. }
```

为确保智能家居环境数据的实时显示,需设定每两秒一次的定时任务,从智能家居虚拟仿真系统中同步加载最新数据。随后,这些数据将被精确渲染至各个传感器或控制设备界面,以实现传感器数值及控制设备状态的动态更新与实时展示。具体的代码设计如下:

```
1.  //定时加载传感器的值、控制设备的状态
2.  dataLoad:function () {
3.      var that = this;
4.      wx.request({
5.          url: iotUrl,//虚拟仿真系统服务器
6.          data: {
7.              action:"HomeData2",
8.              userId: userId
9.          },
10.         header: {
11.             'content-type': 'application/json'
12.         },
13.         success(res) {
14.             var dL = that.data.deviceList;
15.             var resD = res.data;//虚拟仿真系统设备的值
16.             //遍历传感器和控制设备的数组
17.             for (let dV of dL) {
18.                 //将虚拟仿真系统中的实时数据赋值给设备数组元素的 value
19.                 dV.value = resD[dV.cloudName] * 1 + resD[dV.cloudName + "-unit"];
20.             }
21.             // 将设备临时数组从逻辑层发送至视图层(异步),同时改变 this.data 对应的
    deviceList 值(同步)
```

```
22.         that.setData({
23.           deviceList: dL
24.         });
25.         console.log(dL);
26.       }
27.     });
28. }
```

在前端设计过程中,针对排气扇、窗帘等控制设备组件,绑定 handleItemChange 事件的操作。当用户触发滑动开关的点击事件时,系统将自动捕获并获取控制设备所关联的云变量 cloudName 的值。随后,系统将实时把滑动开关的当前状态值传送至虚拟仿真系统,从而精准实现开关控制的预期效果。此举旨在提升用户体验,确保控制设备在虚拟环境中的操作与实际响应保持一致。具体的代码设计如下:

```
1.  //触发灯、排气扇、窗帘等控制设备的滑动开关点击事件后,将滑动开关的值发送至虚拟仿真系统,
    实现开关控制效果
2.  handleItemChange(e) {
3.      var deviceValue = e.detail.detail.value ? 1 : 0;
4.      wx.request({
5.        url: iotUrl,//仅为示例,并非真实的接口地址
6.        data: {
7.          action:"SetDevice2",
8.          userId: userId,
9.          device:e.detail.cloud,
10.         value: deviceValue
11.       },
12.       header: {
13.         'content-type': 'application/json' // 默认值
14.       },
15.       success(res) {
16.         console.log(res.data);
17.       }
18.     });
19.     return
20. }
```

2. WXML 界面设计

在 JavaScript 脚本文件中,定义了两个数组:roomList(房间列表)和 deviceList(设备列表)。利用 wx:request 方法,成功加载了智能家居虚拟仿真

系统中的空间和设备数据。随后,在 i-row 标记中,通过 wx:for 指令,根据智能家居虚拟仿真系统新建的每个空间(roomList)生成了相应的 i-row,从而在前端界面展示所有空间。具体的代码设计如下:

```
1.  < i-row class = "i-row" wx:for = "{{roomList}}" wx:key = "roomIndex" wx:for-item = "room">
2.      < view class = "room-view">
3.          < text style = "font-size: 1em;padding: 1em;">{{room.name}}</text>
4.      </view>
5.      <!—在此加载显示某空间的 AD 传感器、DI 传感器、DO 控制设备,pId 为设备所属空间的 id -->
6.  </i-row>
```

每个在渲染所得的空间 i-row 标记中,每个空间均具备唯一标识的 id。为实现对传感器或控制设备的加载操作,继续采用 wx:for 指令,每个模块设备均配备一个特定的 pId,该 pId 与设备所属房间的 id 保持一致。若某一设备的 pId 与空间的 id 相匹配(即 device.pId 等于 room.id),则会在相应的空间(i-row)内部加载该空间所关联的全部 AD 传感器、DI 传感器以及 DO 控制设备。此过程确保了设备加载的高效性,从而提升了空间管理的智能化水平。具体的代码设计如下:

```
1.  <!--显示某空间的 AD 传感器、DI 传感器、DO 控制设备,pId 为设备所属空间的 id -->
2.  < view wx:for = "{{deviceList}}" wx:key = "index" wx:for-item = "device">
3.      < iotDevice name = "{{device.name}}"
4.          wx:if = "{{(device.type == 0||device.type == 1 ||device.type == 2) && device.pId == room.id}}"
5.          cloudName = "{{device.cloudName}}"
6.          icon = "{{device.icon}}"
7.          type = "{{device.type}}"
8.          value = "{{device.value}}"
9.          binditemChange = "handleItemChange"></iotDevice>
10. </view>
```

3. 样式设计

设置智能家居管理系统小程序的空间标题的底部边框和行高,以及整个空间的背景、边距、显示方式等样式。具体的代码设计如下:

```
1.  .i-row {
2.      display: block;
3.      background-color: #eeeeee;
4.      margin-bottom: 0.5em;
5.  }
```

```
6.  /* 空间 view 的样式配置 */
7.  .room-title {
8.      border-bottom: 1px solid #fff;
9.      height: 2em;
10.     line-height: 2em;
11. }
```

4. JSON 配置设计

智能家居管理系统小程序用到了自定义的 iotDevice 组件,需要在 JSON 文件中配置组件的目录地址,如下所示。

```
1. {
2.   "usingComponents": {
3.     "i-row": "../../dist/row/index",
4.     "iotDevice": "/components/iotDevice/iotDevice"
5.   }
6. }
```

5. 设计效果

应用自定义的 iotDevice 组件,从虚拟仿真系统中加载空间、传感器、控制设备,自动生成空间面板,实现显示温度、光照、烟雾等传感器的数据以及灯、门锁、窗帘、排气扇等控制设备的状态,远程控制开关等。智能家居管理系统的设计效果如图 4-5 所示。

图 4-5　智能家居管理系统的设计效果

6. 发布与上线

开发好智能家居管理系统小程序后,需要发布与上线该小程序,这样用户才能在微信中搜索使用小程序。小程序发布与上线是一个包含多个步骤的过程,需要确保开发的小程序符合相关平台的规定和标准。具体步骤如下。

① 在设计完智能家居管理系统后,对其进行充分的测试,确保小程序的各项功能正常且没有严重的漏洞,图片最好使用线上图片,不要将图片保存在本地,否则项目可能会超过 2 MB,这样项目通不过审核。

② 点击开发者工具右上角"上传"按钮,此时开发者工具会检查和验证项目代码。如果检查不通过,则会有错误提醒,请根据错误提醒修改代码;如果检查通过,则需要打开小程序管理后台进行进一步操作。

③ 提交审核。在小程序开发完成后,登录微信平台,进入小程序管理后台。在"开发"菜单下,选择"提交审核"。填写小程序的基本信息,包括名称、图标、简介等。上传小程序的代码包,并确保代码包的大小和格式符合微信平台的要求。选择合适的类目,并详细描述小程序的功能和使用场景。然后等待微信平台的审核结果。审核过程中,微信平台会检查小程序的内容、功能、安全性等方面是否符合要求。

④ 在审核通过后发布小程序。如果小程序审核通过,则可以发布小程序,可以选择全量发布或灰度发布。全量发布是将小程序立即推送给所有用户,而灰度发布则是先将小程序推送给部分用户进行测试,再根据测试结果决定是否全量发布。小程序发布后,用户就可以在微信中搜索到该小程序,并可以使用它了。

微信平台对于小程序的内容和运营有一定的规定和限制,需确保你的小程序符合这些规定,避免小程序违规被封禁。同时,也要关注微信平台的最新政策和动态,以便及时调整小程序。发布、上线后的小程序仍然需要进行持续的维护和更新,以应对可能出现的问题和满足用户的新需求。因此,建议建立一套完善的小程序运营和维护体系,确保小程序能够长期稳定地运行。

4.3 微信小程序设计作品

在"微信小程序设计"课程的教学过程中,学生借助智能家居虚拟仿真系统这一高效且直观的测试平台,应用微信小程序教育版的开发工具,参照老师提供的自定义组件的设计思想,充分利用所学的微信小程序设计的知识,认真设计出了功能简单的智能家居管理系统,实现了对家居环境的智能化管理与控制。教学实践表明,由于智能家居虚拟仿真系统提供了形象、生动的测试环境,因此学生的学习热情得到了极大的激发,他们能够掌握微信小程序设计的基础知识,并成功设计出简易而实用的智能家居管理系统。部分学生的作品如图 4-6 所示。

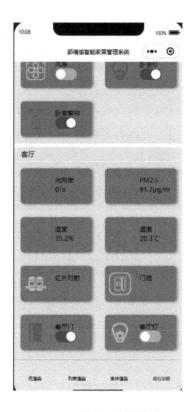

(a) 2022 网络 1 班郭倩瑜

(b) 2022 网络 1 班魏沛贤

(c) 2022 网络 1 班魏敬豪

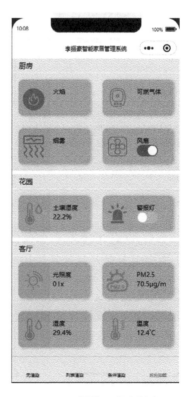

(d) 2022 网络 1 班李振豪

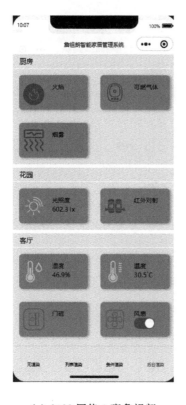

(e) 2022 网络 1 班詹祖朗

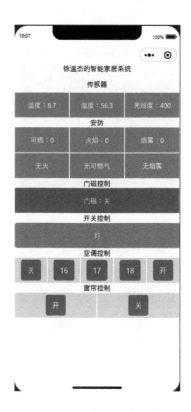

(f) 2022 网络 1 班徐温杰

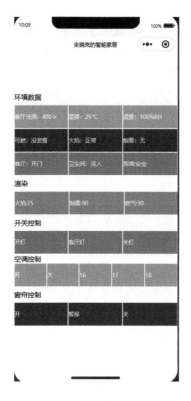

(g) 2022 网络 1 班朱晓岚

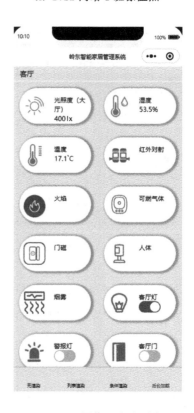

(h) 2022 网络 1 班张颂然

| 第 4 章 | 微信小程序设计物联网教学实践

(i) 2022 网络 1 班陈智博

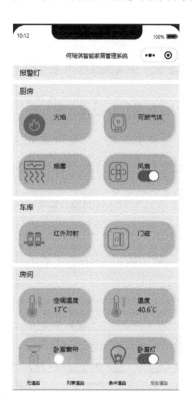

(j) 2022 网络 1 班何琦淇

(k) 2022 网络 1 班黄智铣

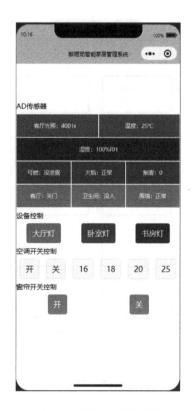

(l) 2022 网络 1 班黎锶茹

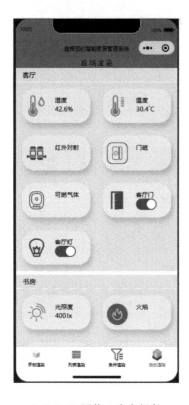
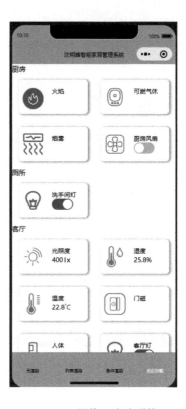

(m) 2022 网络 1 班 盘根贤　　　　(n) 2022 网络 1 班 沈明锋

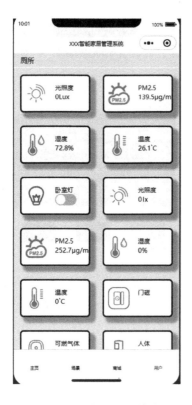

(o) 2022 网络 1 班 叶绮俊　　　　(p) 2022 网络 1 班 虞家昀

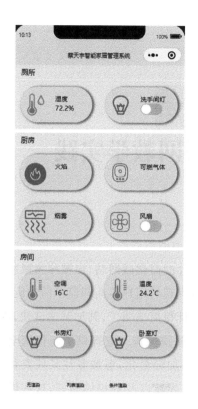 

（q）2022 网络 1 班蔡天宇　　　　　（r）2022 网络 1 班蔡明

图 4-6　作品展示

第 5 章 微网站设计物联网教学实践

微网站是专为移动设备用户设计的简化版网站,也被称为微型网站或者微站,是适用于移动设备的网站,具有直观的用户界面和简单的功能,便于用户在手机上浏览和操作。微网站通常设计得简洁明了,其加载速度快,内容精练,可以适应移动设备较小的屏幕尺寸和触摸操作。它提供了与传统全功能网站类似的信息和服务,整个系统的界面更加轻量化,更加专注某些具体功能。微网站的设计重点在于加载速度快、易于导航以及触控体验好,这些设计使其在小屏幕上表现出色。

物联网三层架构涉及多个领域的知识,如传感技术、数据处理、网络通信等领域的知识,而微网站设计涉及前端开发、用户体验等内容,通过学习微网站设计可以帮助学生更全面地理解物联网技术在实际应用中的表现形式。物联网产品往往需要与用户进行交互,良好的用户体验设计可以提升用户对产品的满意度和使用体验。通过"微网站设计"课程,学生可以学习如何设计出符合用户习惯的界面。开设"微网站设计"课程可以帮助物联网专业的学生更好地理解物联网技术在实际应用中的表现形式,提升他们的综合能力和实践能力。

5.1 中职物联网专业的微网站设计

5.1.1 微网站设计的特点

从技术角度来看,微网站可以使用 HTML5、CSS3 和 JavaScript 等前端技术进行开发,以确保在各种移动设备上的兼容性和良好的用户体验。同时,后端技术(如 C#、Java、PHP、Node.js 等)可以用来加载服务器端的各种数据。微网站可以自动适应不同尺寸的屏幕,以确保在各种移动设备上都有良好的显示效果。由于移动设备屏幕尺寸有限,微网站的内容通常被精简,微网站只展示最核心的信息和功能,去除非核心功能,仅保留最重要的信息和操作,以提升用户体验。微网站优化了页面和代码,减少了加载时间,以适应移动网络环境。优化过的微网站的加载速度很快,这对于移动设备用户来说尤为重要,因为他们往往期望能够快速地获取信息。微网站设计的导航菜单简洁、直观,便于用户在有限的屏幕空间内快速找到所需内容。

微网站常用于特定的营销活动、产品推广、事件宣传或作为企业移动战略的一部分。由于微网站轻量化的特点,其适合快速部署,并且可以针对特定目标群体提供定制化的内容和服务。微网站的应用场景广泛,包括企业宣传、产品展示、活动推广等。它们可以作为企业移动营销策略的一部分,帮助企业吸引更多的移动设备用户,提升品牌形象,并与客户进行更有效的互动。

微网站设计通过采用前端框架可以提高开发设计效率,前端框架是一种用于快速构建和维护网页或网络应用程序用户界面(User Interface,UI)的软件工具集合。它由 HTML、CSS、JavaScript 和其他技术组成,为开发者提供了一系列预设的代码结构、库和最佳实践,旨在简化开发流程,提高开发效率,并确保一致的用户体验。前端框架的开发效率高,通常提供了一套预设的样式、组件和工具,可以大大加快开发速度。开发者无须从头开始编写所有的 HTML、CSS 和 JavaScript 代码,可以直接使用框架提供的组件和工具来构建页面和实现功能。这不仅减少了开发时间,还提高了开发效率。前端框架的一致性好,通常具有统一的样式和组件规范,这有助于确保网站在不同页面之间保持一致的外观。通过遵循框架的样式和组件规范,开发者可以创建出具有统一视觉效果的微网站,提升用户体验。现代前端框架通常支持响应式设计,这意味着它可以自动调整网站的布局和样式以适应不同设备和屏幕尺寸。这对于微网站来说尤为重要,因为微网站通常需要在各种移动设备上提供出色的用户体验。使用前端框架可以确保微网站在各种设备上都能良好地显示和运行。前端框架通常具有良好的文档和社区支持,这使得代码更易于维护。当开发者遇到问题时,他们可以通过查阅框架的文档或向社区寻求帮助来快速解决问题。此外,前端框架通常还提供了版本控制和更新机制,可以确保代码始终保持最新状态。前端框架通常具有可扩展性,这意味着开发者可以根据需要添加自定义的样式、组件和功能。通过使用框架提供的 API 和工具,开发者可以轻松地扩展框架的功能以满足特定需求。这对于微网站来说尤为重要,因为微网站通常需要具备一些特定的功能和交互效果。

前端框架在微网站设计中扮演着至关重要的角色。它们不仅可以提高开发效率、保持页面一致性、支持响应式设计、提供可维护性和扩展性,还可以确保跨浏览器的兼容性。因此,在进行微网站设计时,选择一个合适的前端框架是非常必要的。目前流行的前端框架主要有以下几种。

① Bootstrap：响应式布局、移动设备优先的流式栅格系统，以及可重用组件的框架。它为开发者提供了丰富的样式和组件，使得快速搭建响应式网站成为可能。

② Foundation：响应式前端框架。它强调语义化、可访问性和模块化，提供了一系列预定义的组件和样式，同时也支持自定义。

③ Vue.js：一个构建数据驱动的 Web 界面的渐进式框架。它采用组件化的思想，使得开发者可以将复杂的界面分解为可复用的组件。Vue.js 适用于各种规模的项目，包括微网站设计。

④ React：一个用于构建用户界面的 JavaScript 库。它并不是完整的 MVC 框架，专注于视图层。React 通过组件化的方式，使得开发者可以创建可复用的 UI 组件。由于 React 的高效性和灵活性，其也常用于微网站设计。

⑤ Angular：一个由 Google 维护的开源前端框架。它使用 TypeScript 作为主要开发语言，提供了丰富的功能和工具，包括组件、指令、服务等，使得开发者可以构建复杂且高效的前端应用。虽然 Angular 通常用于大型项目，但它也适用于微网站设计。

在选择前端框架时，需要根据项目需求、开发团队的技术栈和喜好来决定。每个框架都有其独特的特点和优势，选择最适合的框架可以大大提高开发效率和质量。

5.1.2 中职物联网专业开设"微网站设计"课程的意义

Bootstrap 简单、易掌握，为开发人员提供了许多预定义的样式、组件和工具，使得构建响应式和移动端优先的网站变得更加容易，开发物联网系统变得更加高效。在中职物联网专业的"微网站设计"课程中通常采用 Bootstrap 这一个流行的前端框架。而中职物联网专业开设"微网站设计"课程的意义主要体现在以下几个方面。

① 技术融合：物联网与互联网技术紧密相连，而微网站作为互联网应用的一种重要形式，其设计理念和技术实现与物联网技术有诸多共同之处。通过学习微网站设计，物联网专业的学生可以更好地理解互联网技术，为物联网与互联网的深度融合打下基础。物联网专业涉及传感器、嵌入式系统、通信技术等多个领域，而微网站作为信息展示和交互的平台，能够将物联网设备采集的数据以更直观的方式呈现给用户，促进技术融合与应用。

② 用户体验：物联网设备往往需要通过用户界面来进行操作和查看数据。

"微网站设计"课程能够教会学生如何设计直观、易用的界面,帮助学生以后提升用户对物联网产品的接受度和满意度。

③ 市场需求:随着物联网技术的普及,越来越多的企业开始开发自己的物联网产品和服务。掌握微网站设计技能的人才能够帮助企业更好地推广产品。随着移动互联网的普及,微网站在市场上的需求日益增长。物联网专业的学生通过学习微网站设计,可以更好地适应市场需求,提升就业竞争力。同时,具备微网站设计能力的物联网专业人才在市场上也更具吸引力。

④ 创新能力:微网站设计不仅仅是技术实现问题,更是创意和设计的体现。通过学习微网站设计,物联网专业的学生可以培养创新思维,设计出更具吸引力和实用价值的物联网应用。"微网站设计"课程不仅教授技术知识,还注重培养学生的创新思维和创业能力。通过学习该课程,学生可以了解到互联网创业的机会和挑战,为将来的创新创业之路奠定基础。

⑤ 跨学科学习:"微网站设计"课程包括计算机科学、设计学、通信学等多个学科的知识。开设此类课程有助于学生拓宽知识面,促进跨学科学习和综合素质的提升。物联网专业的学生不仅需要掌握物联网技术,还需要具备一定的互联网应用开发能力。"微网站设计"课程可以帮助学生拓宽视野,培养跨界整合的能力,使其在未来的工作中能够更灵活地运用所学知识解决实际问题。

⑥ 实践与应用能力提升:"微网站设计"课程强调实践性,学生需要通过实际操作来完成微网站的设计与开发。这一过程不仅能够锻炼学生的动手能力,还能培养其解决实际问题的能力,对于提升学生的综合应用能力和创新思维具有重要作用。

总体来说,在中职学校物联网专业开设"微网站设计"课程,不仅有助于学生构建完整的专业知识结构,还能够提升其实践能力和创新能力,为其未来的职业生涯奠定坚实的基础。通过该课程的学习,学生能够掌握微网站的设计和开发技术,具备开发简单微网站的能力,为未来从事物联网相关工作打下坚实的基础。

5.1.3 应用微网站设计智能家居管理系统

在"微网站设计"课程的教学过程中,以设计智能家居管理系统为教学项目。将微网站设计的技能知识点分解于设计智能家居管理系统的项目中。应用 TCP/IP 协议,通过 HttpPost 方式,智能家居管理系统可以与自主开发的云服务进行数据通信。在系统中,自主开发的云服务接口发挥着至关重要的作用。其中,GetDeviceValue()函数接口是获取智能家居设备状态信息的核心。

GetDeviceValue()函数接口的设计充分考虑了智能家居虚拟仿真系统以及实际智能家居实训系统的需求。通过该接口，可以精确地获取传感器采集的数据（如温度、湿度、光照强度等环境参数），以及控制设备的当前状态（如开关状态、亮度等级等）。这些信息为系统的智能控制和决策提供了重要依据。

SetDeviceValue()函数接口则是实现智能家居设备精确操控的关键。通过该接口，可以向云服务发送控制指令，云服务再向智能家居虚拟仿真系统发送控制指令，实现对各类控制设备（如灯、排气扇、窗帘、门等）的精确操控。例如，可以根据环境参数的实时变化，自动调节灯光亮度、排气扇转速等，为用户提供更加舒适、节能的居住环境。

应用微网站设计的智能家居管理系统，确保了数据的准确传输和设备的有效控制，为系统的稳定运行提供了有力保障。微网站设计的智能家居管理系统的数据通信如图 5-1 所示。

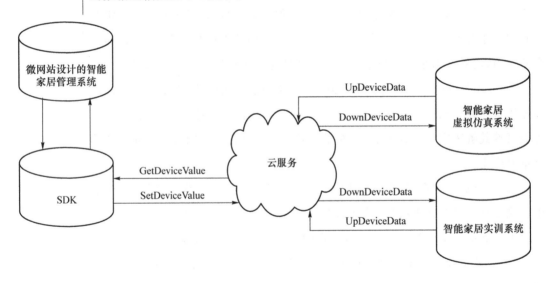

图 5-1　微网站设计的智能家居管理系统的数据通信

5.2　微网站设计教学案例

微网站设计的移动应用具有广泛的应用前景，为用户提供了更加便捷、舒适、节能的智能家居体验。

5.2.1 项目需求

某客户拥有一套二房一厅一卫的房子,为了营造更为舒适的居住环境,需对其进行智能化的改造升级。具体的改造需求如下。

① 灯光控制方面:需在客厅、卧室、洗手间以及书房等关键区域安装智能灯具,以实现智能化的灯光控制功能。通过系统,客户可轻松实现对家居灯具的远程操控、对灯具的定时开关以及对场景模式的自由切换,从而提升家居生活的便捷性与舒适度。

② 环境监测方面:为确保客户居住环境的健康与安全,需提供实时环境监测系统。通过安装相应的传感器设备,系统将实时采集客厅的光照强度、温度、PM2.5浓度以及湿度等关键环境参数,并为客户提供数据展示与异常报警功能。一旦环境参数超出正常范围,系统将及时发出提醒,确保客户能够及时调整居住环境。

③ 厨房安全监控方面:考虑到厨房火灾等安全隐患,需配置智能火灾报警系统。一旦厨房发生火灾或其他异常情况,系统将立即启动报警机制,通过声音、灯光等多种方式提醒客户注意,确保客户能够及时发现并处理潜在的安全风险。

根据客户的实际需求,需应用 Web 技术,设计并开发一个智能家居管理系统的微网站。该网站将采用 Bootstrap 前端框架,可实现对客户家居(仿真系统)的有效管理与控制。客户可通过该网站随时查看家居环境数据、控制智能设备以及设置个性化场景模式等,从而实现对家居生活的全面掌控。

通过上述智能化改造措施的实施,可以为客户提供一个更加便捷、舒适且安全的居住环境。

5.2.2 家居建设

根据项目的具体要求,在智能家居虚拟仿真系统平台构建合适的家居空间,在搭建完成的家居空间中,需按照功能区域添加相应的传感器与控制设备。具体配置如下所述。

1. 客厅区域

① 安装灯具,以实现灯光控制功能;

② 配置门锁与门磁,以监控门的开关状态及实现远程控制;

③ 配置光照度传感器,以获取室内光照强度的实时数据;

④ 配置温度传感器,以监测客厅的温度变化;

⑤ 配置湿度传感器,以便实时掌握客厅的湿度情况。

2. 厨房区域

① 安装排气扇,以改善厨房通风状况;

② 配置可燃气体传感器,以确保及时发现潜在的安全隐患;

③ 配置火焰传感器,以预防火灾事故的发生;

④ 安装烟雾传感器,以便在烟雾产生时及时发出警报。

3. 卧室区域

① 安装灯具,以实现卧室灯光的智能控制;

② 配置窗帘控制设备,提供便捷的窗帘操作体验。

4. 书房区域

安装灯具,以满足书房照明需求。

完成以上步骤后,智能家居虚拟仿真系统将能够按照项目需求搭建出具备基本功能的家居空间,并通过传感器与控制设备实现智能化的家居管理。

5.2.3 文件结构

智能家居网站的首页分为左、右框,左边为微网站设计的智能家居管理系统,右边为智能家居虚拟仿真系统,如图5-2所示。具体的文件要求如下。

① 在"C♯程序设计网络盘—智能家居文件夹—班级文件夹—自己的文件夹"中新建以下2个网页文档:

a. 名为index.html的主页;

b. 名为index2.html的智能家居管理系统页。

② 在index.html中,按如下要求修改代码:

a. 标题显示合理;

b. 左框显示智能家居管理系统页面;

c. 右框显示用户的智能家居虚拟仿真系统页面。

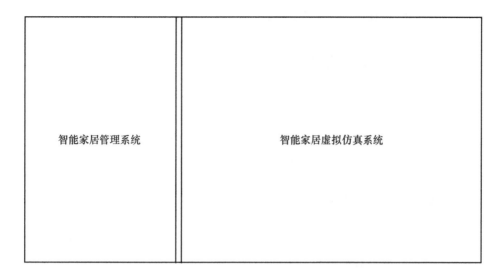

图 5-2 智能家居管理系统的网页布局

5.2.4 界面布局

按项目需求,设计一个智能家居管理系统的界面,界面布局要合理、美观、协调,界面的位置、大小及排版色彩等可以自定义。具体的界面布局要求可以参考如下。

① 应用 H3 标记,居中显示"×××同学的智能家居"标题。
② 点击标题后弹出模态框。
③ 在模态框中实现视频播放:
a. 显示视频;
b. 自动播放视频;
c. 显示视频播放控制条。
④ 必须有账号或网关 IP 文本框。
⑤ 环境数据面板的要求如下:
a. 正确添加面板;
b. 应用网格布局显示环境数据;
c. 网格中添加 9 个传感器,应用至少 2 种样式的标签;
d. 每个传感器都需要有相应图片修饰;
e. 至少有 1 个传感器应用字体图标。
⑥ 设备控制面板的要求如下:
a. 正确添加面板;
b. 在设备控制面板中添加 3 个按钮组;
c. 添加 3 个下拉框,每个下拉框至少有 2 项;

d. 添加至少3个设备的图片,用于控制家居设备。

5.2.5 功能要求

① 能正常显示至少3个AD传感器的数据;
② 能正常显示至少5个DI传感器的状态;
③ 能实现对5个设备的控制。

5.2.6 系统设计

1. 首页设计

首页分为左、右框,左框为微网站设计的智能家居管理系统,右框为智能家居虚拟仿真系统,如图5-3所示。

图5-3 智能家居管理系统的首页效果图

为确保页面布局合理且功能完善,现将左侧框架iframe的宽度设定为520像素,并应用浮动样式使其靠左显示。将iframe的高度设为1 000像素,以展示足够多的内容。左侧框架的源链接(src)指向eg.html,即用于展示智能家居管理系统的微网站页面。

右侧框架的源链接应指向智能家居虚拟仿真系统的对应地址。在构建此URL时,需通过参数传递仿真系统的账号信息,具体操作为将userId替换为各位用户的学号,以便正确加载并展示每位用户的个性化仿真系统界面。

通过上述设置,用户可在页面中同时浏览智能家居管理系统的微网站设计以及个人专属的智能家居虚拟仿真系统,从而提升用户体验及交互效率。具体的代码设计如下:

1. <body>
2.   <!--将标签 iframe 中的 src 属性值改为管理系统的网页名-->
3. <iframe frameborder="0" scrolling="auto" style="width:520px;float:left;overflow:auto;height:1000px;" src="../eg.html"></iframe>
4.   <!--将标签 iframe 中的 src 属性值的仿真系统网址中的 userId 改为自己的学号,就可以显示自己的仿真系统-->
5. <iframe frameborder="0" scrolling="no" name="_right" style="float:right;width:calc(100% - 550px);margin:auto;border:dashed 2px;overflow-x:auto;min-width:100%;height:900px;"
6. src="http://s.ldzz.cn:81/sys/study/stuiot.html?userId=11009"></iframe>
7.   </div>
8. </body>

2. 布局设计

Bootstrap 有强大的网格系统,可以帮助开发者快速构建响应式和移动设备优先的网站界面布局。Bootstrap 页面布局结构分为容器(container)、行(row)、列(column)三层关系,具体设置如下。

(1) 容器

Bootstrap 中的网格系统依赖两种类型的容器:.container 和.container-fluid。

① .container:为内容设置了一个最大宽度,并在两侧添加了水平内边距(padding)。它能根据屏幕尺寸自动调整大小。

② .container-fluid:始终占据视口的整个宽度,不添加任何水平内边距。

(2) 行

在网格系统中,行是通过 .row 类创建的。行必须包含在容器内,并且行内的列数量总和应为 12。

(3) 列)

列是通过.col-*类创建的,其中"*"可以是 1 到 12 的数字或者一些特殊的值(如 auto)。Bootstrap 还提供了用于不同屏幕尺寸的断点类,如-sm-*、.col-md-*、.col-lg-* 和 .col-xl-* 等。

例如,要创建一个在小屏幕上占据整个行宽,但在中等大小的屏幕上占据一半行宽的列,可以这样写:

<div class="container">
  <div class="row">
    <div class="col-sm-12 col-md-6">Column 1</div>

         <div class="col-sm-12 col-md-6">Column 2</div>
    </div>
</div>

(4) 列宽(column widths)

除了使用数字类(如.col-md-6)来设置列的宽度外,还可以使用.col-md-auto来自动分配列宽,或者使用.col-md-后跟一个百分比值(如.col-md-25)来设置具体的百分比宽度。

(5) 间距(spacing)

Bootstrap 提供了一套间距工具类(如.mt-*、.mb-*、.ml-*、.mr-*等),用于在元素之间添加边距(margin)或内边距(padding)。这些工具类可以与网格系统一起使用,以创建更具吸引力的布局。

本次教学实践中应用网格布局,第一行、第二行显示光照度传感器、温度传感器、湿度传感器等环境传感器的数据,第三行显示可燃气体传感器、烟雾传感器、火焰传感器等消防传感器的数据,第四行显示门磁、人体感应器、红外传感器等安防传感器的数据。智能家居管理系统的布局如图 5-4 所示。具体的代码设计如下:

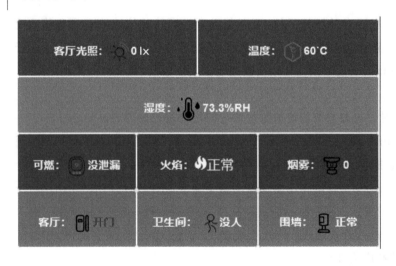

图 5-4　智能家居管理系统的布局

1. <body style="font-size:1em;">
2.
3. 　　<div class="container">
4. 　　　　<div class="row">
5. 　　　　　　<!--网格行-->
6. 　　　　　　<div class="col-xs-6 col-lg-4 label label-default" style="height:5em;line-height:5em;">
7. 　　　　　　　　<!--小屏6格宽,大屏4格宽,信息色-->

8. 　　　　　客厅光照：< img src = "/img/iot/光照度传感器.png" style = "width:2em;"/>< span device = "gzd" dType = "AD"></span>LUX
9. 　　　　　<！--显示 AD 模拟量传感器的数据，dtType 为设备类型（AD 为模拟量、DI 为开关量、DO 为控制设备）
10. 　　　　，device 值设备变量名-->
11. 　　　　</div>
12. 　　　　< div class = "col-xs-6 col-lg-4 label label-default">
13. 　　　　　温度：< img src = "/img/iot/温度传感器.png" style = "width:2em;"/>< span device = "wd" dType = "AD"></span>C
14. 　　　　</div>
15. 　　　　< div class = "col-xs-12 col-lg-4 label label-info">
16. 　　　　　<！--小屏 12 格宽，大屏 4 格宽，信息色-->
17. 　　　　　湿度：< img src = "/img/iot/湿度传感器.png" style = "width:2em;"/>< span device = "sd" dType = "AD"></span>% RH
18. 　　　　</div>
19. 　　</div>
20. 　　< div class = "row">
21. 　　　　< div class = "col-xs-4 label label-primary">
22. 　　　　　可燃：< img src = "/img/iot/可燃气体传感器.png" style = "width:2em;"/>< span device = "rq" dType = "DI" txt1 = "危险"
23. 　　　　　txt0 = "没泄漏"></span>
24. 　　　　　<！--显示 DI 开关量传感器数据，类型 DI,device 值与云变量名一致，
25. 　　　　　　　txt1 值为传感器数据为 1 时显示的文本,txt0 值为传感器数据为 0 时显示的文本,-->
26. 　　　　</div>
27. 　　　　< div class = "col-xs-4 label label-primary">
28. 　　　　　火焰：< span class = "glyphicon glyphicon-fire" style = "font-size:1.2em;" device = "hy" dType = "DI" txt1 = "危险"
29. 　　　　　　txt0 = "正常" color1 = "red" color0 = "white"></span>
30. 　　　　</div>
31. 　　　　< div class = "col-xs-4 label label-primary">
32. 　　　　　烟雾：< img src = "/img/iot/烟雾传感器.png" style = "width:2em;"/>< span device = "yanWu" dType = "DI"></span>
33. 　　　　</div>
34. 　　</div>
35. 　　< div class = "row">
36. 　　　　< div class = "col-xs-4 label label-success">
37. 　　　　　客厅：< img src = "/img/iot/门磁.png" style = "width:2em;"/>< span device = "mc" dType = "DI" txt1 = "开门" txt0 = "关门"

```
38.                    color1 = "red" color0 = "white"></span>
39.                </div>
40.                <div class = "col-xs-4 label label-success">
41.                    卫生间:<img src = "/img/iot/人体感应器.png" style = "width:2em;" /><span device = "renTi" dType = "DI" txt1 = "有人" txt0 = "没人"
42.                    color1 = "red" color0 = "white"></span>
43.                </div>
44.                <div class = "col-xs-4 label label-success">
45.                    围墙:<img src = "/img/iot/红外传感器(2).png" style = "width:2em;" /><span device = "hwds" dType = "DI" txt1 = "入侵" txt0 = "正常"
46.                    title = "红外对射" color1 = "red" color0 = "white"></span>
47.                </div>
48.            </div>
49.        </div>
```

3. 环境数据显示

在 span、p、i、div 等容器标签中,通过添加 device 和 dType 属性,即可实现对所有 AD 传感器数据的展示。其中,device 属性用于指定需要识别的传感器,其属性值应为 AD 传感器云变量;而 dType 属性则用于定义传感器的类型,其属性值应设定为 AD。例如:

```
<span device = "gzd" dType = "AD"></span>
```

完成传感器属性的配置后,即可实时呈现该传感器的数值。运行效果如图 5-5 所示。

图 5-5 微网站中的 AD 传感器

根据项目实际需求,智能家居管理系统日常需监测的环境数据涵盖了以下四项关键指标:温度(wd)、湿度(sd)、光照度(gzd)以及 PM2.5 浓度(pm25)。这些环境数据均属于模拟量数据的范畴,对于准确评估家居环境的状态至关重要。

为提升数据展示的直观性与合理性,在加载出的环境数据前附加相应的环境实景图片,并在数据值后附加相应的单位标识。此举将有助于用户更直观地了解当前家居环境的实际状况,从而做出更为精准的调整。具体的代码设计如下:

1. ＜div class="row"＞
2. 　　＜!--网格行--＞
3. 　　＜div class="col-xs-6 col-lg-4 label label-default" style="height:5em;line-height:5em;"＞
4. 　　＜!--小屏6格宽,大屏4格宽,信息色--＞
5. 　　　　客厅光照:＜img src="/img/iot/光照度传感器.png" style="width:2em;"/＞
6. 　　＜span device="gzd" dType="AD"＞＜/span＞LUX
7. 　　＜!--显示AD模拟量传感器数据,dType为设备类型(AD为模拟量、DI为开关量、DO为控制设备),device值为设备变量名--＞
8. 　　＜/div＞
9. 　　＜div class="col-xs-6 col-lg-4 label label-default"＞
10. 　　　　温度:＜img src="/img/iot/温度传感器.png" style="width:2em;"/＞
11. 　　＜span device="wd" dType="AD"＞＜/span＞℃
12. 　　＜/div＞
13. 　　＜div class="col-xs-12 col-lg-4 label label-info"＞
14. ＜!--小屏12格宽,大屏4格宽,信息色--＞
15. 　　　　湿度:＜img src="/img/iot/湿度传感器.png" style="width:2em;"/＞
16. 　　＜span device="sd" dType="AD"＞＜/span＞%RH
17. 　　＜/div＞
18. ＜/div＞

4. 消防数据显示

在span标签中,添加属性device,其属性值为传感器云变量;同时添加属性dType,其属性值为DI,用于实时显示DI传感器的值。根据传感器值设置显示文本,如果传感器值为1,则设置txt1值,如果传感器值为0,则设置txt0值。根据传感器值设置显示文本颜色,如果传感器值为1,则设置color1值,如果传感器值为0,则设置color0值。例如:

＜span device="hy" dType="DI"txt1="传感器为1时要显示的文本" txt0="传感器值为0时要显示的文本" color1="传感器值为1时要显示的文本" color0="传感器值为0时要显示的文本"＞＜/span＞

运行效果示例如图5-6所示。

图5-6 微网站中的DI传感器

根据项目需求，为确保消防安全监测的准确性和有效性，现需增添显示烟雾(yw)、火焰(hy)及可燃气体(rq)等关键消防标记，并为它们设置好 deveice 属性，其属性值为对应的云变量名，这样可实时获取消防数据。一旦检测到燃气泄漏、浓烟弥漫或火焰等异常情况，系统应立即在相应的消防标志上以红色高亮显示"危险"字样，以引起相关人员的警觉和及时响应。此外，在消除相关异常数据后，系统可添加相应的图片或字体图标，以更加形象、直观的方式提醒相关人员关注消防信息，从而确保消防安全工作的高效执行。具体的代码设计如下：

1. < div class = "row">
2.   < div class = "col-xs-4 label label-primary">
3.   可燃:< img src = "/img/iot/可燃气体传感器.png" style = "width:2em;" />
4.   < span device = "rq" dType = "DI" txt1 = "危险" txt0 = "没泄漏"></span>
5. <! —显示 DI 开关量传感器数据，类型为 DI,device 值与云变量名一致，txt1 值为传感器数据为 1 时显示的文本,txt0 值为传感器数据为 0 时显示的文本,-->
6.   </div>
7.   < div class = "col-xs-4 label label-primary">
8.   火焰:
      < span class = "glyphicon glyphicon-fire" style = "font-size:1.2em;" device = "hy" dType = "DI" txt1 = "危险" txt0 = "正常" color1 = "red" color0 = "white"></span>
9.   </div>
10.   < div class = "col-xs-4 label label-primary">
11.   烟雾:< img src = "/img/iot/烟雾传感器.png" style = "width:2em;"/>
12.   < span device = "yanWu" dType = "DI"></span>
13.   </div>
14. </div>

5. 安防数据显示

根据项目需求，为确保安防安全监测的准确性和有效性，现需要在客厅、花园和围墙中添加安防监控传感器，在离家或睡眠模式时，若有人入侵，则用红色显示提醒信息。运行效果如图 5-7 所示。

图 5-7 安防监控

在网格中添加安防标记——门磁(mc)、红外(hw)及红外对射(hwds)，并为它们设置好 deveice 属性,其属性值为对应的云变量,这样可实时获取安防监控数据。在离家或睡眠模式时,若检测到大门打开、有人阻挡红外线等异常情况,则系统立即在相应的消防标记上以红色高亮显示"入侵"字样,以引起相关人员的警觉和及时响应。此外,系统可添加相应的图片或字体图标,以更加形象、直观的方式提醒相关人员关注安防信息,从而确保安防监控安全工作的高效执行。具体的代码设计如下:

```
1.  < div class = "row">
2.      < div class = "col-xs-4 label label-success">
3.          客厅:< img src = "/img/iot/门磁.png" style = "width:2em;" />
4.          < span device = "mc" dType = "DI" txt1 = "开门" txt0 = "关门"
5.              color1 = "red" color0 = "white"></span>
6.      </div>
7.      < div class = "col-xs-4 label label-success">
8.          花园:< img src = "/img/iot/人体感应器.png" style = "width:2em;" />
9.          < span device = "renTi" dType = "DI" txt1 = "有人" txt0 = "没人"
10.             color1 = "red" color0 = "white"></span>
11.     </div>
12.     < div class = "col-xs-4 label label-success">
13.         围墙:< img src = "/img/iot/红外对射.png" style = "width:2em;" />
14.         < span device = "hwds" dType = "DI" txt1 = "入侵" txt0 = "正常"
15.             title = "红外对射" color1 = "red" color0 = "white"></span>
16.     </div>
17. </div>
```

6. 开关按钮控制

创建一个 Bootstrap 按钮,可以用带有 .btn 类的元素,按钮会继承圆角灰色按钮的默认外观。另外,Bootstrap 还提供了一些选项来定义按钮的样式,主要有如下几种。

.btn-default:默认/标准按钮。

.btn-primary:原始按钮样式(未被操作)。

.btn-success:表示成功的动作的按钮。

.btn-info:可用于要弹出信息的按钮。

.btn-warning:表示需要谨慎操作的按钮。

.btn-danger:表示一个危险动作的按钮操作。

.btn-link:让按钮看起来像个链接(仍然保留按钮行为)。

.btn-lg:一个大按钮。

.btn-sm：一个小按钮。

.btn-xs：一个超小按钮。

将一个 Bootstrap 按钮呈现为智能家居控制设备，需要在 Bootstrap 按钮中添加属性 device，属性值为传感器云变量名；添加 value 属性，属性值为 1 或 0，表示开关按钮的状态；添加属性 dType，属性值为 DO，表示控制设备。如果没有设置 value 属性，则点击该按钮可以实现开、关功能的切换。例如：

< span device = "wsdeng" value = "1" dType = "DO">开卧室灯</span>

< button device = "wsdeng" value = "0" dType = "DO">关卧室灯</button>

< button device = "wsdeng" dType = "DO">卧室灯</button>

为了提升用户体验并方便用户操作，运用多样化的 Bootstrap 按钮设计，特别为客厅灯设置了"大厅灯开"和"大厅灯关"两个功能按钮。通过这两个按钮，用户能够轻松实现大厅灯的开启和关闭。此外，添加了一个"大厅灯"的按钮，用户每次点击该按钮时，大厅灯的开关状态将实现自动切换，从而为用户提供更加便捷的操作体验。开关按钮的运行效果如图 5-8 所示。具体的代码设计如下：

图 5-8 开关按钮的运行效果

1. < span class = "col-xs-3 btn btn-info" device = "dtdeng" dType = "DO" value = "1"
2.   style = "margin:0.5em;">大厅灯开</span><!--添加信息色的按钮，小屏占 4 格，添加属性 device，属性值为传感器云变量；添加 value 属性，属性值为 1/0，用于实现设备的开/关功能；添加属性 dType，属性值为 DO，表示设备类型为控制设备-->
3. < span class = "col-xs-3 btn btn-success" device = "dtdeng" dType = "DO" style = "margin:0.5em;">大厅灯</span>
4. <!--sytle 样式，其中 margin 为边距，可以细分为 4 个边距；margin-bottom 下边距；margin-top 上边距；margin-left 左边距；margin-right 右边距-->
5. < span class = "col-xs-3 btn btn-waring" device = "dtdeng" dType = "DO" value = "0"
6.   style = "margin:0.5em;">大厅灯关</span>

7. 开关按钮组控制

智能家居管理系统中有许多控制设备的开关按钮，这些按钮组允许多个按钮被堆叠在同一行。当按钮对齐在一起时，这个功能就显得非常有用。Bootstrap 的按钮组是 Bootstrap 中的一个重要组件，它可以将多个按钮组合在一起，形成一个整体，方便用户进行操作。下面是一个简单的 Bootstrap 按钮组的示例代码：

```
< div class = "btn-group" role = "group" aria-label = "Basic example">
  < button type = "button" class = "btn btn-primary">按钮 1</button>
  < button type = "button" class = "btn btn-primary">按钮 2</button>
  < button type = "button" class = "btn btn-primary">按钮 3</button>
</div>
```

在上面的代码中,使用了 btn-group 类来创建一个按钮组,并将三个按钮包裹在其中。每个按钮都使用了 btn 类和 btn-primary 类,这表示它们是 Bootstrap 的基础按钮,并且具有基础的颜色样式(primary)。除了基础样式外,Bootstrap 还提供了多种按钮组样式和布局选项,如垂直按钮组、下拉菜单等。可以根据自己的需求,在 Bootstrap 的官方文档中查找更多的按钮组样式及其用法示例。开关按钮组的效果如图 5-9 所示。

图 5-9 开关按钮组的效果

智能家居管理系统的微网站设计可以将卧室灯与书房灯的控制功能整合为两组按钮组。其中,为"卧室灯开"按钮标记添加属性 value,并将其属性值设定为 1,其仅用于执行开灯操作;为"卧室灯关"按钮同样添加属性 value,并将其属性值设为 0,其仅用于执行关灯操作。值得注意的是,并未为"卧室灯"按钮设置属性 value,因此,点击该按钮将实现开门、关灯功能的切换。类似地,"书房灯开"按钮仅具备开灯功能,"书房灯关"按钮仅具备关灯功能。而由于"书房灯"按钮没有设置属性 value,因此点击该按钮会实现开、关灯功能的切换。此设计旨在提供更为便捷且直观的灯光控制体验。具体的代码设计如下:

```
1. < div class = "col-xs-12 col-lg-4 btn-group">
2.     < span class = "col-xs-4 btn btn-info" device = "wsdeng" dType = "DO" valu e = "1" style = "margin-bottom:0.3em;">卧室灯开</span>
3.     < span class = "col-xs-4 btn btn-info" device = "wsdeng" dType = "DO" style = "margin-bottom:0.3em;">卧室灯</span>
4.     < span class = "col-xs-4 btn btn-info" device = "wsdeng" dType = "DO" value = "0" style = "margin-bottom:0.3em;">卧室灯关</span>
5. </div>
6. < div class = "col-xs-12 col-lg-4 btn-group">
7.     < span class = "col-xs-4 btn btn-info" device = "sfdeng" dType = "DO" value = "1" style = "margin-bottom:0.3em;">书房灯开</span>
8.     < span class = "col-xs-4 btn btn-info" device = "sfdeng" dType = "DO" style =
```

```
      "margin-bottom:0.3em;">书房灯</span>
9.            <span class = "col-xs-4 btn btn-info" device = "sfdeng" dType = "DO" value = "0"
   style = "margin-bottom:0.3em;">书房灯关</span>
10. </div>
```

8. 图片开关控制

为提升用户体验,采用图片控制家居设置的方法切实可行。要实现采用图片精确控制设备的开、关状态,首先,需在 img 标记中增设属性 device,并赋予其传感器云变量的具体值;其次,需增设属性 dType,并指定其属性值为 DO;再次,需增设属性 onImg,并设定其属性值为代表开启状态(值为 1)的图片路径;最后,需增设属性 offImg,并赋予其代表关闭状态(值为 0)的图片路径。通过以上步骤,可确保采用图片控制家居设置的准确性与高效性。例如:

< img device = "dtdeng" dType = "DO" onImg = "/img/lamp_on.png" offImg = "/img/lamp_off.png" />

图片开关控制的运行效果如图 5-10 所示。

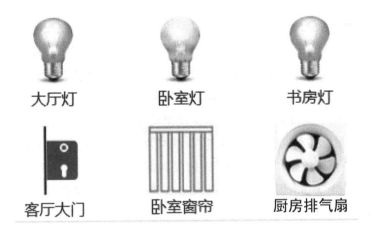

图 5-10 图片开关控制的运行效果

添加大厅灯、卧室灯、书房灯、客厅大门、卧室窗帘、厨房排气扇等 6 个图片,分别设置虚拟仿真系统对应的设备云变量,在图片标记中,添加 onImg 属性,对应的是设备开启状态时需要显示的图片,并且添加 offImg 属性,offImg 属性对应的是设备关闭状态时需要显示的图片。具体的代码设计如下:

```
1. < div class = "row">
2.     < div class = "col-xs-4">
3.        < img device = "dtdeng" src = "/img/lamp_on.png" dType = "DO"
4.           onImg = "/img/lamp_on.png" offImg = "/img/lamp_off.png" />
5.        < br />大厅灯
6.     </div>
```

```
7.       < div class = "col-xs-4">
8.            < img device = "wsdeng" src = "/img/lamp_on.png" dType = "DO"
9.                onImg = "/ img/lamp_on.png" offImg = "/img/lamp_off.png" />
10.                < br />卧室灯
11.       </div>
12.       < div class = "col-xs-4">
13.            < img device = "sfdeng" src = "/img/lamp_on.png" dType = "DO"
14.                onImg = "/img/lamp_on.png" offImg = "/img/lamp_off.png" />
15.                < br />书房灯
16.       </div>
17. </div>
18. < div class = "row" style = "margin-top:1em;">
19.       < div class = "col-xs-4">
20.            < img device = "ms" dType = "DO" onImg = "/img/ms2.png"
21.                offImg = "/img/ms.png" />< br />客厅大门
22.       </div>
23.       < div class = "col-xs-4">
24.            < img device = "wsChuangLian" onImg = "/img/chuangLian.png"
25.                dType = "DO" offImg = "/img/chuangLian2.png" />
26.                < br />卧室窗帘
27.       </div>
28.       < div class = "col-xs-4">
29.            < img device = "cffan" onImg = "/img/fan.gif"   dType = "DO"
30.                offImg = "/img/fan.png" />< br />厨房排气扇
31.       </div>
32. </div>
```

9. 开关下拉框控制

智能家居管理系统中有许多开、关按钮,可以通过应用下拉框折叠这些按钮,从而节省空间,用户可以从一个预定义的选项列表中选择一个值。开关下拉框在网页设计和开发中非常有用,特别是在需要节省空间或提供多个选项供用户选择时。例如,节省空间的示例代码如下:

```
< div class = "dropdown">
  < button class = "btn btn-secondary dropdown-toggle" type = "button"
id = "dropdownMenuButton" data-bs-toggle = "dropdown" aria-expanded = "false">
```

选择操作的示例代码如下:

```
    </button>
    <ul class = "dropdown-menu" aria-labelledby = "dropdownMenuButton">
      <li><a class = "dropdown-item" href = "#">选项 1</a></li>
      <li><a class = "dropdown-item" href = "#">选项 2</a></li>
      <li><a class = "dropdown-item" href = "#">选项 3</a></li>
    </ul>
</div>
```

Bootstrap 还提供了许多可定制的选项和类,可以根据需要调整下拉框的样式和行为,改变按钮的颜色、大小或形状或者添加额外的交互效果。具体的使用方法可以参考 Bootstrap 的官方文档。开关下拉框的运行效果如图 5-11 所示。

图 5-11 开关下拉框的运行效果

在智能家居管理系统的微网站设计中,可以将同一类型的开、关控制整合在一个下拉框中,以节省空间。可以将卧室灯与书房灯的控制功能整合为两组按钮组。如果按钮添加了属性 value,并将其属性值设定为 1,则按钮仅用于执行开的操作;如果按钮添加了属性 value,并将其属性值设为 0,则按钮仅用于执行关的操作;如果按钮未设置 value 属性,则每次点击按钮时将实现开、关功能的切换。具体的代码设计如下:

```
1.  <div class = "row">
2.     <div class = "btn-group">
3.        <div class = "col-xs-4 dropdown">
4.           <button class = "btn dropdown-toggle" id = "d1" data-toggle = "dropdown">
5.  <!--dropdown 下接框,toggle 切换,data-toggle 数据切换-->
6.                        大门门锁
7.              <span class = "caret"></span>
8.                     <!--caret 三角补注号-->
9.           </button>
10.          <ul class = "dropdown-menu" aria-labelledby = "d1">
11.    <!--ul 是项目标签,dropdown-menu 下拉框菜单-->
```

12.   < li class = "col-xs-12 label label-info" device = "ms" dType = "DO" value = "1" style = "margin-bottom:0.3em;">
13.   大厅门开
14.   </li>
15.   < li class = "col-xs-12 label label-info" device = "ms" dType = "DO" style = "margin-bottom:0.3em;">大厅灯 </li>
16.   < li class = "col-xs-12 label label-info" device = "ms" dType = "DO" value = "0" style = "margin-bottom:0.3em;">
17.   大厅门关
18.   </li>
19.   </ul>
20.   </div>
21.   < div class = "col-xs-4 dropdown">
22.   < button class = "btn dropdown-toggle" id = "d2" data-toggle = "dropdown">
23. <! --dropdown 下拉框,toggle 切换,data-toggle 数据切换-->
24.   卧室窗帘
25.   < span class = "caret"></span>
26.   <! --caret 三角补注号-->
27.   </button>
28.   < ul class = "dropdown-menu" aria-labelledby = "d2">
29. <! --ul 是项目标签,dropdown-menu 下拉框菜单-->
30.   < li class = "col-xs-12 btn btn-info" device = "wsChuangLian" dType = "DO" value = "1" style = "margin-bottom:0.3em;">卧室窗帘开</li>
31.   < li class = "col-xs-12 btn btn-info" device = "wsChuangLian" dType = "DO" style = "margin-bottom:0.3em;">
32.   卧室窗帘
33.   </li>
34.   < li class = "col-xs-12 btn btn-info" device = "wsChuangLian" dType = "DO" value = "0" style = "margin-bottom:0.3em;">卧室窗帘关</li>
35.   </ul>
36.   </div>
37.   < div class = "col-xs-4 dropdown">
38.   < button class = "btn dropdown-toggle" id = "d3" data-toggle = "dropdown">
39. <! --dropdown 下拉框,toggle 切换,data-toggle 数据切换-->
40.   厨房排气扇
41.   < span class = "caret"></span>
42. <! --caret 三角补注号-->
43.   </button>
44.   < ul class = "dropdown-menu" aria-labelledby = "d3">
45. <! --ul 是项目标签,dropdown-menu 下拉框菜单-->
46.   < li class = "col-xs-12 btn btn-info" device = "cffan" dType = "DO" value = "1" style =

```
                "margin-bottom:0.3em;">
47.                      厨房排气扇开
48.             </li>
49.             <li class = "col-xs-12 btn btn-info" device = "cffan" dType = "DO" style = "margin-bottom:0.3em;">厨房排气扇</li>
50.             <li class = "col-xs-12 btn  btn-info" device = "cffan" dType = "DO" value = "0" style =
                "margin-bottom:0.3em;">
51.                      厨房排气扇关
52.             </li>
53.         </ul>
54.      </div>
55.    </div>
56. </div>
```

5.3　微网站设计作品展示

在"微网站设计"课程的教学过程中,学生借助智能家居虚拟仿真系统这一高效且直观的测试平台,应用 Web 技术,并充分利用所学的微网站设计的知识,认真地设计出了功能简单的智能家居管理系统,实现了对家居环境的智能化管理与控制。教学实践表明,由于虚拟仿真系统提供了形象、生动的测试环境,学生的学习热情得到了极大的激发,他们能够掌握微网站设计的基础知识,并成功设计出简易而实用的智能家居管理系统。现将部分学生作品展示如下。

1. 作品一

2023 物联网 2 班周唯同学的作品如图 5-12 所示。

图 5-12　2023 物联网 2 班周唯同学的作品

2. 作品二

2023物联网2班朱志航同学的作品如图5-13所示。

图5-13　2023物联网2班朱志航同学的作品

3. 作品三

2023物联网2班梁梓健同学的作品如图5-14所示。

图5-14　2023物联网2班梁梓健同学的作品

4. 作品四

2023 物联网 2 班林浩宏同学的作品如图 5-15 所示。

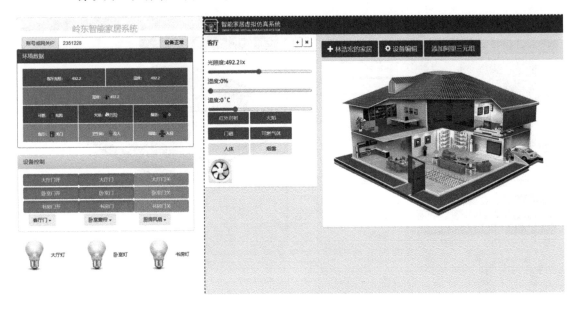

图 5-15　2023 物联网 2 班林浩宏同学的作品

5. 作品五

2023 物联网 2 班陈智博同学的作品如图 5-16 所示。

图 5-16　2023 物联网 2 班陈智博同学的作品

6. 作品六

2023 物联网 2 班陈梓豪同学的作品如图 5-17 所示。

图 5-17　2023 物联网 2 班陈梓豪同学的作品

7. 作品七

2023 物联网 2 班虞家昀同学的作品如图 5-18 所示。

图 5-18　2023 物联网 2 班虞家昀同学的作品

8. 作品八

2023 物联网 2 班盘根贤同学的作品如图 5-19 所示。

图 5-19　2023 物联网 2 班盘根贤同学的作品

9. 作品九

2023 物联网 2 班叶绮骏同学的作品如图 5-20 所示。

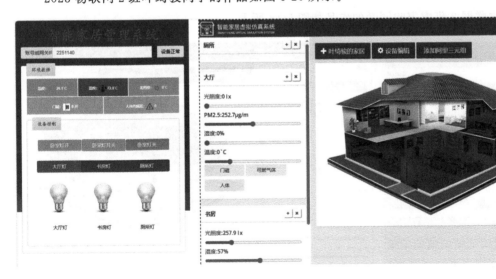

图 5-20　2023 物联网 2 班叶绮骏同学的作品

10. 作品十

2023 物联网 2 班魏敬豪同学的作品如图 5-21 所示。

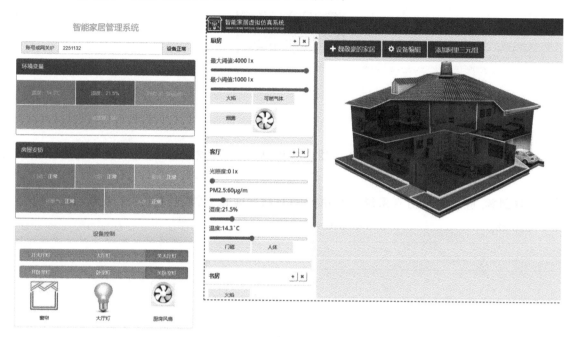

图 5-21　2023 物联网 2 班魏敬豪同学的作品

参考文献

[1] 林剑辉.基于B/S架构的"智能家居虚拟仿真系统"开发及应用.电脑爱好者(校园版)[J].2023(7):10-12.

[2] 林剑辉.应用虚拟仿真系统融合中职物联网专业核心课程[J].广东教育,2023(31):86-88.

附录 A
智能家居虚拟仿真系统操作指南

智能家居虚拟仿真系统是作者和广州市南沙区岭东职业技术学校物联网工作室的肖月桂老师开发的应用于中职学校物联网专业教学的虚拟仿真系统。该系统可以应用在中职学校的程序设计课程的教学过程中。在教学过程中，以开发智能家居管理系统作为贯穿整个课程的教学项目，将程序设计课程的知识点渗透于该项目中。该项目所开发出的系统可直观、形象地控制自己搭建的虚拟仿真家居。这既可激发学生学习程序设计的兴趣，又可加深学生对物联网和智能家居的认识。智能家居虚拟仿真系统在国家版权局登记了计算机软件著作权，如附图 A-1 所示。

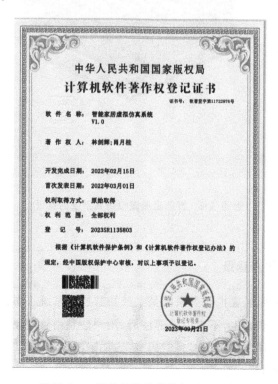

附图 A-1　计算机软件著作权登记证书

智能家居虚拟仿真系统的功能包括用户登录、空间添加、模块设备添加、模块设备管理、传感器模拟设置、控制设备模拟开关、阿里三元组管理等功能。

A.1 智能家居虚拟仿真系统运行

1. 系统首页

打开 Chrome 或 Edge 等浏览器并输入地址,此时可打开智能家居虚拟仿真系统的首页,如附图 A-2 所示。

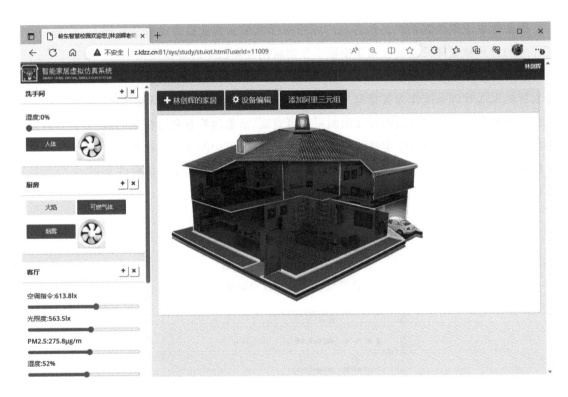

附图 A-2　智能家居虚拟仿真系统的首页

2. 用户登录

智能家居虚拟仿真系统是学校智慧校园系统下属的一个子系统,用户是学校的教师和学生,不支持外部注册,用户信息由管理录入用户数据,用户必须加入企业微信。可以用账号密码登录,如附图 A-3 所示,也可以用微信登录,如附图 A-4 所示。

附录 A　智能家居虚拟仿真系统操作指南

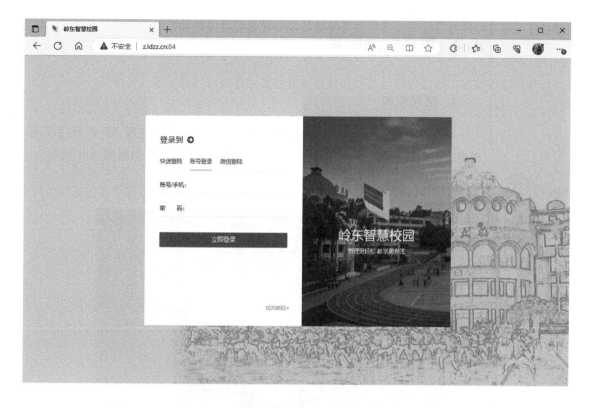

附图 A-3　账号登录界面

附图 A-4　扫码登录界面

A.2 家居空间配置

1. 空间添加

智能家居虚拟仿真系统的空间是指大厅、卧室、书房、花园、厨房、洗手间等自定义的家居空间,单击"＋×××的家居"可以添加空间,如附图 A-5 所示。

附图 A-5 空间添加

空间的云变量作为程序开发中识别空间的变量,用于程序之间的数据交互,只能用字母或数字表示,不能重复,如附图 A-6 示。

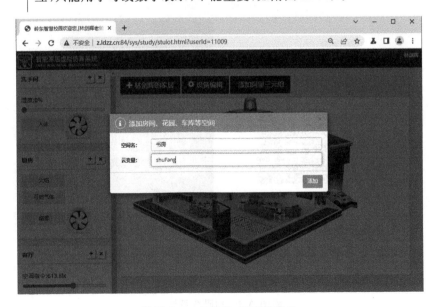

附图 A-6 空间名、云变量定义

2. 空间删除

在某空间右上角单击"×"删除按钮，可以删除空间以及本空间中的所有模块设备，如附图 A-7 所示。

附图 A-7　空间删除

A.3　家居设备配置

1. 模块设备添加

智能家居虚拟仿真系统的模块设备是温度传感器、湿度传感器、光照度传感器、门磁、灯、窗帘、风扇、门锁等家居设备，在某空间中单击"＋"可以添加模块设备，如附图 A-8 所示。

模块设备名的云变量作为程序开发中识别模块设备的变量，只能用字母或数字，不能重复，如附图 A-9 所示。

2. 模块设备管理

单击"设备编辑"按钮，可以显示用户在系统中添加的所有模块设备，也可以编辑和删除某些模块设备，如附图 A-10、附图 A-11 所示。

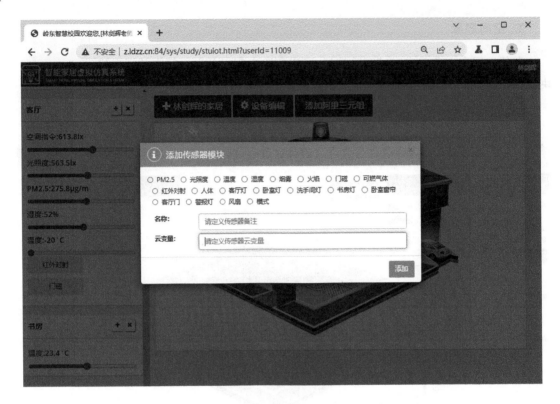

附图 A-8　传感器模块添加

附图 A-9　定义传感器的名称、云变量

附图 A-10　模块设备的管理

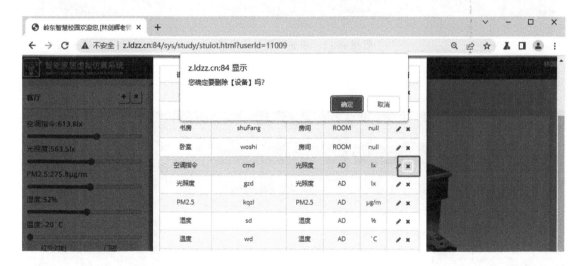

附图 A-11　删除模块设备

A.4　云平台配置

1. 阿里三元组的设置

智能家居虚拟仿真系统可以将传感器数据上传至阿里云,并获取阿里云的指令，实现设备的开关控制。在系统中单击"添加阿里云三元组"按钮可添加阿里云三元组，如附图 A-12 所示。

在 productkey、devicename、devicesecret 三个文本框，设置阿里三元组信息，如附图 A-13、附图 A-14 所示。

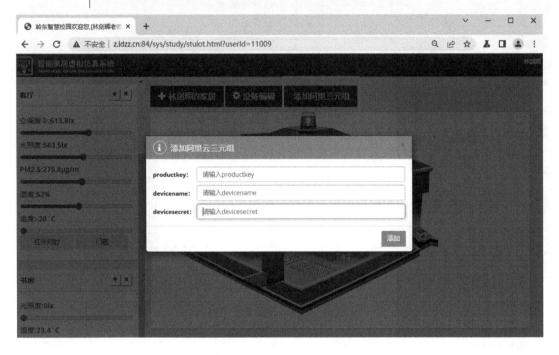

附图 A-12　添加阿里云三元组

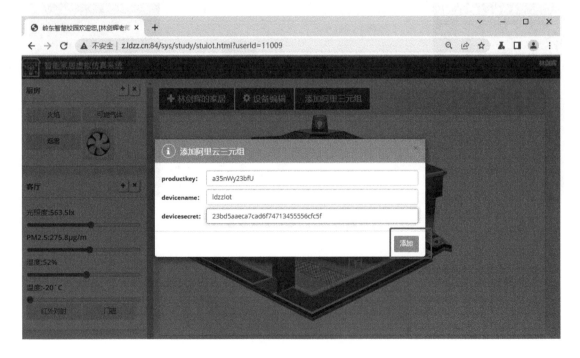

附图 A-13　填写阿里云三元组信息

附图 A-14　更新成功阿里三元组信息

2. 传感器值的模拟设置

模拟量传感器(如温度、湿度、光照度等传感器)在系统中以滑块组件显示,拉动滑块可以模拟当前传感器的值,如附图 A-15 所示。

开关量传感器(如门磁、人体感应器、火焰传感器、烟雾传感器等)在系统中以按钮组件显示,单击开关量传感器按钮可以切换传感器的开和关,红色表示闭合,灰色表示断开,如附图 A-16 所示。

附图 A-15　模拟量传感器值的变化

附图 A-16　切换开关量传感器的状态

3. 控制设备的开、关设置

智能家居虚拟仿真系统可以添加客厅、卧室、洗手间、书房的灯，也可以添加门锁、风扇、窗帘、警报灯等控制设备。未添加客厅门和卧室窗帘前的效果如附图 A-17 所示。

附图 A-17　未添加客厅门、卧室窗帘等控制设备前的效果图

| 附录 A | 智能家居虚拟仿真系统操作指南

在系统的左边栏的各空间右上角单击"+"按钮,可以添加各种控制设备,填写设备名和云变量,为客厅添加门,如附图 A-18 所示。

在系统中某个位置添加成功各种控制设备后,会在该位置显示相应的控制设备,如附图 A-19 所示。

单击客厅、卧室、书房、洗手间等位置可以开、关灯,单击其他位置可以开、关相应的控制设备,如附图 A-20 所示。

附图 A-18 为客厅添加门

附图 A-19 成功添加卧室窗帘和客厅门

· 153 ·

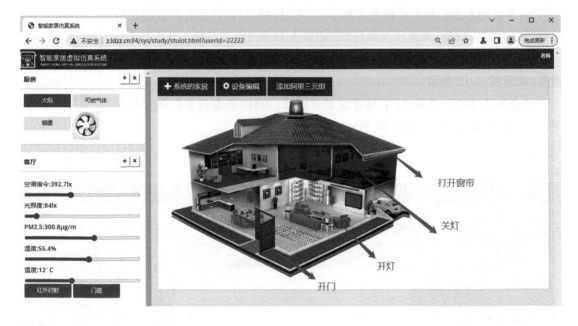

附图 A-20　控制设备的开、关控制

附录 B
应用虚拟仿真教学设计

B.1 微信小程序教学设计

教学任务名称	列表渲染和条件渲染组件——加载智能家居设备		
课程名称	微信小程序开发		
课程类型	专业课		
所属专业	物联网专业		
课程性质	选修		
开课年级	二年级	开课时间	12周
学时	2学时	学生人数	50人
使用教材的名称	微信小程序开发者文档		
教学方式	线下		
学情分析			

1. 教学内容分析

本课程的教材选自微信小程序开发者文档。本次教学任务的名称是"列表渲染和条件渲染组件——加载智能家居设备",实现从后台加载智能家居虚拟仿真系统的传感器和控制设备。在"岗课赛证融通"中,本次教学任务是依据岗位选取的工作任务,转化岗位需求为课程需求,是微信小程序在物联网智能家居中的移动应用,具有典型的企业应用背景,按照企业实际的工作流程和评价标准组织学习活动,将工作过程转化为学习过程。本次教学任务的内容有:①自定义组件的使用;②列表渲染;③条件渲染;④从后台加载家居设备。

2. 教学对象分析

① 学生的专业特点:教学对象是物联网专业二年级的学生,经过2年的专业知识储备,学生已经具备一定的物联网思维,能从物联网的体系架构(感知层、传输层和应用层)的角度整体认识智能家居在物联网中的应用技术。

② 学生的知识基础:学生学习了微网站设计的知识,掌握了网页编程和微信小程序设

计的基础知识;经过一个多学期对"智能家居安装与调试"课程的学习,学生也掌握了智能家居中各种监测设备的装调,为课程实践打下了扎实的基础。

③ 学生的学习习惯:学生喜欢新鲜事物,但喜欢的持续性不强,需要靠老师或其他学生的不断激励获得进步的动力,因此,采用多元、实时反馈评价的课堂,在任务驱动下不断为学生注入动力,可以发挥他们的创造能力,提高他们的学习效率。

教学目标

1. **思政目标**

    培养学生"自信自强,技能强国,精益求精"的大国工匠精神。

2. **知识目标**

    ① 让学生能够自动批量生成组件;

    ② 让学生能够在小程序中加载智能家居虚拟仿真系统中的模块。

3. **技能目标**

    ① 让学生能够应用 wx:for 语句渲染组件列表;

    ② 让学生能够应用 wx:if 语句渲染符合条件的组件。

4. **素养目标**

    结合物联网专业,将智能家居知识渗透于微信小程序设计的教学中,激发学生的学习兴趣,提升学生的创新力。

教学重点

重点内容:列表渲染和条件渲染。
突出方法:

① 流程化:应用简单、明了的流程图和思维导图,让学生明确学习内容,掌握列表渲染和条件渲染的原理。

② 仿真化:应用作者自主开发的智能家居仿真系统,让学生更快捷、方便地搭建实验环境,为微信小程序提供测试环境,激发学生的学习兴趣。

③ 资源化:建设"学习园地"数字资源平台,建设"作业评分排名系统",以评促学,数字化呈现学习效果。

④ 小组议:按"角色分工、组长负责"的小组模式实施任务,针对存在的问题,组长组织讨论,寻找解决问题的方法。

教学难点

难点内容:列表、条件渲染的语法规则;渲染数组及数据绑定。
化解方法:

① 教师引:教师提前设计好智能家居模块数据加载的函数接口,引导学生快捷调用;教师设计系统例题,做好代码注释,引导学生参考学习。

② 学生创:学生根据教师讲解分析的控制流程,结合对智能家居系统的理解并发挥想象,创新设计出不一样的智能家居管理系统小程序。

③ 小组展:各小组讨论、总结学习过程中存在的问题、问题的解决思路、收获的成就等,学生之间互相学习,从而激发学习兴趣,提升专业技能。

教学环境设计及资源准备

1. 双平台四系统

根据专业特色和课程需求,作者自主研发了"人工智能教学平台"和"教学信息化管理平台"双平台,以及智慧校园系统的信息管理系统、德育积分考核管理系统、课堂评分系统和智能家居虚拟仿真系统四系统。双平台四系统如下图所示。

2. 智能家居教学平台

根据专业特色和课程需求,作者自主研发了"智能家居教学平台",其主要包括5大板块:交流互动平台、家居仿真系统、虚拟体验平台、教学评价系统、教学工位展示,如下图所示。

交流互动平台	家居仿真系统	虚拟体验平台	教学评价系统	教师工位展示
在学习通平台,课前发布新课预告、相关资讯。	自主研发仿真系统,提供虚拟仿真数据,方便实验测试。	自主研发虚拟体验平台,实现实物与平台联动控制,增强学生体验感。	自主研发实时评价系统,记录学生学习过程大数据,激发学生积极性。	自主设计智能家居展示工位,学生可以操作体验,学习安装工艺和代码设计

一、设计思想

培养学生"自信自强,技能强国,精益求精"的大国工匠精神,让学生通过小组团队合作的教学模式,设计一个简单的智能家居管理系统小程序,体验收获学习成果的快乐;让学生通过小组讨论及小组汇报,锻炼表达、交流和评价的能力。

理念:基于布鲁姆在认知领域的教育目标分类法和皮亚杰等提出的建构主义学习理论,结合"岗课赛证融通"的人才培养理论,将课堂教学、岗位实践、资格认证和技能竞赛融为一体,实现"课中有岗、课中有赛、岗中有课、岗中有赛"。将"守正创新、精益求精、智能劳动"课程思政要义渗透于课堂教学中,融入7S企业现场管理理念,全面提升学生的职业素养。

教法:采用行动导向六步教学法(新课预告、资讯上线、任务导入、计划决策、任务实施、评估展示),让学生即学即用,这样可以变抽象为具体,变枯燥为有趣,让学生乐于学习和实践。"任务"贯穿始终,让学生在讨论任务、分析任务、完成任务的过程中顺利建构起知识结构,如下图所示。

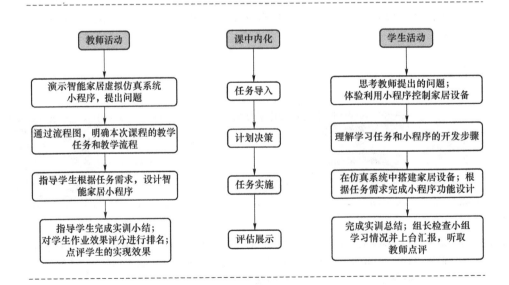

学法：小组合作、小组间竞争将师生、生生之间的单向或双向交流改变为师生、生生之间的多向交流，不仅提高了学生学习的主动性和对学习的自我控制程度，也提高了学生的学习效率。

信息化手段的应用：基于动态学习数据的深入分析，并充分利用"云、网、端"的技术应用，实现教学决策的精准数据化、评价反馈的即时化、交流互动的立体化以及资源推送的智能化。通过这一系列的创新举措，建立了一个有利于协作交流和意义建构的智慧课堂环境，从而有效促进了全体学生实现符合个性化成长规律的智慧发展。

微信小程序是当前广泛应用的移动应用形式，微信小程序设计已成为物联网专业核心课程的重要补充。尽管微信小程序设计的结构与 Web 设计存在相似之处，但其语法较 Web 设计有较大改变，这使得微信小程序在物联网项目中的智能控制应用对中职学生而言具有一定的难度。在物联网专业的传统授课模式下，课程知识点往往显得零散，且课程间的关联性不足，这不利于学生形成系统的物联网思维。

为解决上述问题，作者自主研发了智能家居虚拟仿真系统。这一系统允许学生在仿真环境中搭建自己的家居设备，并亲身体验智能家居系统的运行过程，从而深入理解物联网三层架构的工作原理。在程序设计教学过程中，以学习开发智能家居管理系统作为贯穿整个课程的教学项目。学生在开发智能家居管理系统的过程中学习程序设计的知识点，并在调试过程中直观、形象地控制智能家居虚拟仿真系统。这一教学方式不仅有助于学生在理论学习中获得更深刻的理解，还能为学生提供更为适宜的学习内容与学习环境。

二、教学环节及主要教学内容

1. 任务导入(15 分钟)

教学活动(教学内容、教师活动)	学生活动	媒体资源设计意图
① 演示小程序加载智能家居虚拟仿真系统中的传感器和控制设备。 ② 修改 JS 文档中的仿真系统账号，实现仿真系统数据加载。参考代码如下图所示。	下载老师提供的小程序，体验利用小程序加载自己在仿真系统中配置的家居设备数据。思考相关的逻辑设计原理，做好相关代码的笔记。	学生能在智能家居虚拟仿真系统中搭建家居设备，体验利用小程序控制智能家居设备，激发学习兴趣。

小程序演示界面和智能家居虚拟仿真系统的参考配置如下图所示。

2．计划决策（10分钟）

教学活动（教学内容、教师活动）	学生活动	媒体资源设计意图
通过如下流程图，让学生理解智能家居管理系统小程序的设计步骤，明确本课程的学习流程。 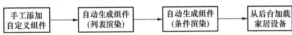 ① 手工添加自定义组件 iotDevice，设置相应属性，显示智能家居的设备组件。 ② 应用 wx:for 自动生成 JS 脚本数据 data 中的 deviceList 设备数组。 ③ 应用 wx:if 有条件地选择生成 JS 脚本数据 data 中的 deviceList 设备数组。 ④ 从后台加载智能家居虚拟仿真系统中的家居设备。	① 简单回顾之前学习的自定义组件 iotDevice。 ② 做好笔记，明确本课程的学习内容。 ③ 在"学习园地"资源教学网站下载本课程的例题源码。	"学习园地"资源教学网站提供了任务需求、技术文档、项目例题以及智能家居虚拟仿真系统，以为学生提供自主学习的资源环境，加深学生对开发任务需求的理解。

3．任务实施（40分钟）

教学活动（教学内容、教师活动）	学生活动	媒体资源设计意图
① 手工添加自定义组件。 应用上次课程学习的智能家居设备自定义组件（iotDevice），一个一个地手工添加传感器和控制设备组件。为组件设置 name、icon、type、value 等四个属性，正确显示设置的名字、图标、类型、数值（状态）。	按学习任务完成学习内容，手工添加自定义组件；模拟测试添加的组件是否正确显示；组长检查组员完成情况，并做好相关记录。	"学习园地"资源教学网站提供了任务需求、技术文档、项目例题，以为学生提供自主学习的资源环境。

运行效果和参考代码如下图所示。

② 列表渲染自动生成组件。 在 JS 文档中,定义 deviceList 家居列表,并添加一些测试数据。应用 wx:for 渲染数组定义的家居设备,正确显示设置的名字、图标、类型、数值(状态)。 wx:for 的语法规则:在组件上使用 wx:for 控制属性绑定一个数组,即可使用数组中的各项数据重复渲染该组件。 数组当前项的下标变量名默认为 index,数组当前项的变量名默认为 item。	做好 wx:for 语法规则的笔记;按学习任务完成学习内容,应用 wx:for 生成家居设备组件;组长检查组员完成情况,做好相关记录。	"学习园地"资源教学网站提供了技术文档、项目例题,以为学生应用 wx:for 加载家居设备提供技术参考。

运行效果和参考代码如下图所示。

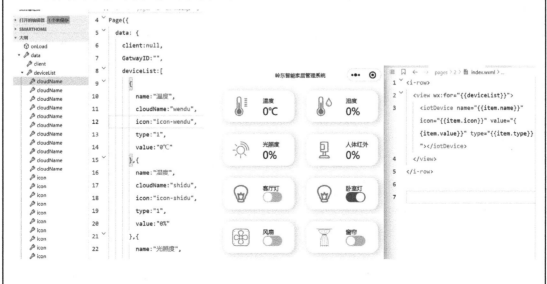

③ 条件渲染自动生成组件。
在 JS 文档中,应用 wx:if 有条件地分类渲染数组定义的家居设备,将传感器和控制设备分不同区域显示。
wx:if 的语法规则如下图所示。
条件渲染
wx:if
在框架中,使用 `wx:if=""` 来判断是否需要渲染该代码块:
`<view wx:if="{{condition}}"> True </view>`
也可以用 `wx:elif` 和 `wx:else` 来添加一个 else 块:
`<view wx:if="{{length > 5}}"> 1 </view>`
`<view wx:elif="{{length > 2}}"> 2 </view>`
`<view wx:else> 3 </view>`
	做好 wx:if 语法规则的笔记;按学习任务完成学习内容,应用 wx:if 生成家居设备组件,将传感器和控制设备分类在两个不同的区域显示;组长检查组员完成情况,做好相关记录。	"学习园地"资源教学网站提供了技术文档、项目例题,以为学生应用 wx:if 将家居设备分类在不同区域显示提供参考。

运行效果和参考代码如下图所示。

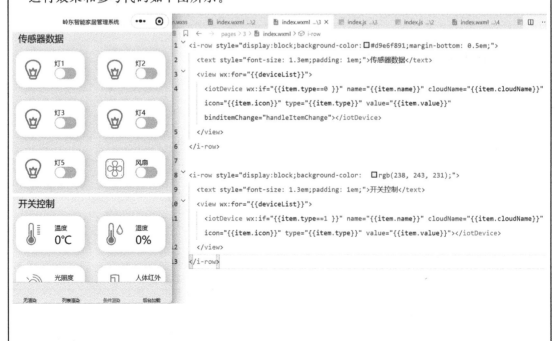

教学活动（教学内容、教师活动）	学生活动	媒体资源设计意图
④ 从后台加载家居设备。 在 js 文件中设置变量 userId（仿真系统的用户账号）的值，实现从学校服务器中获取自己创建的智能家居虚拟仿真系统中的家居设备数据，并将其赋值给 deviceList 设备数组。 应用 wx:for 从 deviceList 设备数组中渲染显示智能家居虚拟仿真系统中家居设备的数据和状态，点击设备按钮可以控制设备的开和关。	给自己创建的智能家居虚拟仿真系统添加传感器和控制设备；给 userId 赋值自己的学号，测试系统是否能正常显示设备信息，是否能实现开关控制；组长检查组员完成情况，做好相关记录。	"学习园地"资源教学网站提供了技术文档、项目例题、智能家居虚拟仿真系统，以为学生完成实训任务提供资源环境。

运行效果和参考代码如下图所示。

4. 评估展示（15 分钟）

教学活动（教学内容、教师活动）	学生活动	媒体资源设计意图
① 组织各小组上台汇报小组的实训小结。 ② 教师点评本次实训情况，分析问题的产生原因及解决思路。	组长汇报本组的实训小结；组员认真听组长汇报及老师点评并做好笔记。	课堂评分系统实时显示小组评分与排名，从而激发小组间的良性竞争。

三、教学反思

本课程在教学过程中,通过精心设计的流程图,将教学目标、教学内容以及教学重难点等关键信息,清晰、直观地呈现给学生;同时,充分结合专业特色和课程需求,运用自主研发的智能家居教学平台为学生提供了更加便捷、高效的学习体验。此外,在"学习园地"资源教学网站,可以及时发布新课预告、相关资讯等信息,并明确预习任务,引导学生做好课前准备。学生通过对本课程的学习,实现从后台加载家居设备,从而加深对列表和条件渲染的用途的理解。

以作者的一个教学过程为例进行说明。在教学过程中,全班共分为 13 个学习小组,其中 9 个小组得分在 80 分以上,这显示出了本课程的学习成效非常显著。然而,也有 1 个小组未能达到及格标准,需要对其进一步加强指导。总体而言,本课程在教学实践中取得了显著成效,有效提升了学生的学习效果,具体如下图所示。

在课程教学过程中,学生组建了一支高效的小组长团队,其在小组教学中能发挥核心作用。该小组长团队负责检查本组组员的完成情况,提供必要的指导,并代表小组进行汇报。这一举措对于老师及时了解学生的学习问题,进而调整和优化教学方案具有至关重要的作用。

在小组汇报环节,学生和老师能够一起发现问题、分析问题并寻求解决方案。这一过程不仅让学生们收获了成就感,还为他们提供了分享学习经验的机会,有助于培养他们的表达与交流能力。同时,通过归纳评价要点,学生的评价能力得到了提升,专业素养也得到了进一步提高。

B.2　微信小程序活页式工作手册

项目名称：微信小程序开发

任务：列表渲染和条件渲染组件——加载智能家居设备

组别：_____

一、项目需求情景描述

某客户有一套二房一厅一卫的房子。为了让客户具有舒适的居住环境,需要对家居进行人工智能化改造。用户可以在微信小程序中及时了解自己家居中的各项数据,并能实现对设备的远程控制。

二、任务实施

任务实施步骤如下表所示。

实施步骤	内容
步骤 1	下载老师提供的程序,体验对智能家居虚拟仿真系统的控制
步骤 2	手动添加自定义的家居设备组件
步骤 3	应用 wx:for(列表渲染)自动生成组件
步骤 4	应用 wx:if(条件渲染)自动生成组件,将传感器和控制设备分区域显示
步骤 5	从后台加载自己创建的智能家居虚拟仿真系统中的家居设备
步骤 6	组长组织组员一起总结整个项目的完成情况,分析其中存在的问题,寻求解决方案,准备小组汇报

三、实训小结

学生按要求完成实训任务,填写实训报告。组长组织本组成员讨论实训情况,记录本组成员完成各项任务的情况,分析存在的问题及其解决过程,进行总结归纳,准备小组汇报。

B.3　人工智能教学设计

教学任务名称	应用人工智能控制家居设备,让生活更舒适		
课程名称	智能家居安装与调试		
课程类型	专业核心课		
所属专业	物联网专业		
课程性质	必修		
开课年级	二年级	开课时间	16 周
学时	2 学时	学生人数	50 人
使用教材的名称及出版单位	《人工智能数据处理(初级)》,高等教育出版社;《物联网工程综合实训》,电子工业出版社		
教学方式	线下		
学情分析			

1. **教学内容分析**

本课程的教材选自谭昶、王保成主编的《人工智能数据处理(初级)》以及陈要求和作者主编的十三五职业教育国家规划教材《物联网工程综合实训》。本次教学任务的名称是"应用人工智能控制家居设备,让生活更舒适"。本次教学任务是依据岗位选取的工作任务,转化岗位需求为课程需求,是人工智能在物联网家居课程的初级应用,具有典型的企业应用背景,有利于按照企业实际的工作流程和评价标准组织学习活动,将工作过程转化为学习过程。本次任务教学的内容有:①人工智能手势的类型;②手势函数调用;③设备控制函数调用;④手势控制家居设备。

2. **教学对象分析**

① 学生的专业特点:教学对象是物联网专业二年级的学生,经过 2 年的专业知识储备,学生已经具备一定的物联网思维,能从物联网的体系架构(感知层、传输层和应用层)的角度整体认识智能家居在物联网中的应用技术。

② 学生的知识基础:经过一个学期对"智能家居安装与调试"课程的学习,学生已经掌握了智能家居中各种监测设备安装的相关知识,具有完成本次教学任务的能力。经过一个半学期对"C♯程序设计"课程的学习,学生可以通过快速调用教师设计好的智能家居中间层函数接口,实现数据获取及设备控制功能,并可以设计出简单的智能家居管理系统,实现对智能家居虚拟仿真系统的控制和管理。

③ 学生的学习习惯:学生喜欢新鲜事物,但喜欢的持续性不强,需要依靠老师或其他学生的不断激励获得进步的动力,采用多元、即时反馈评价的课堂,可以不断地为学生注入学习动力。

教学目标
1. 思政目标 　　培养学生正确认识问题、分析问题和解决问题的能力。 **2. 知识目标** 　　① 让学生能够掌握人工智能的概念； 　　② 让学生能够掌握手势判断规则。 **3. 技能目标** 　　① 让学生能够熟练搭建仿真系统中的家居设备； 　　② 让学生能够掌握人工智能手势识别的判断逻辑； 　　③ 让学生能够掌握人工智能智能家居类库、函数的调用。 **4. 素养目标** 　　① 通过反复操练，帮助学生养成规范操作的职业习惯； 　　② 通过小组团队合作的教学模式，帮助学生成功开发人工智能控制应用，体验收获学习成果的快乐； 　　③ 通过小组讨论及小组汇报，帮助学生锻炼表达、交流和评价的能力； 　　④ 培养学生科学思维和工匠精神。
教学重点
① 智能家居虚拟仿真系统的实验环境搭建； ② 人工智能手势控制家居设备。
教学难点
① 程序与感知层之间的数据交互； ② 各种功能的逻辑设计。

一、设计思想

采用行动导向六步教学法（新课预告、资讯上线、任务导入、计划决策、任务实施、评估展示），让学生即学即用，这样可以变抽象为具体，变枯燥为有趣，让学生乐于学习和实践。"任务"贯穿始终，让学生在讨论任务、分析任务、完成任务的过程中顺利建构起知识结构，如下图所示。

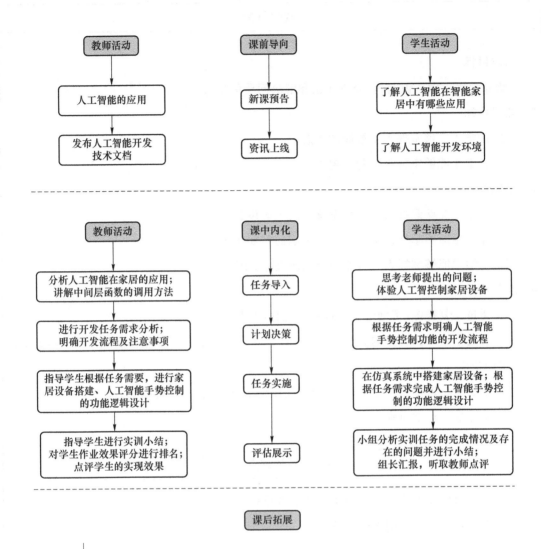

课前,教师借助智慧校园系统平台发布新课预告和相关资讯,明确学生的预习任务。课中,教师以人工智能开发任务为主线,引导学生分析任务需求,并在仿真系统中完成家居设备的搭建和人工智能手势控制功能的开发。可通过小组评分排名激发良性竞争,鼓励学生开展组内讨论与总结,实现共同进步。同时,组长负责汇报学习进展,教师则进行点评与指导,以提升教学成效。课后,学生需完成思考题和课后作业,以培养职业规范意识、精益求精的工匠精神,提高职业素养。

二、教学环节及主要教学内容

1. 任务导入(20 分钟)

教学活动(教学内容、教师活动)	学生活动	媒体资源设计意图
① 分析人工智能在智能家居中的应用。 问题 1:目前的智能家居控制存在哪些不足? 问题 2:人工智能在智能家居中可以发挥什么作用? ② 演示应用人工智能手势控制家居设备。 应用人工智能手势控制学生搭建的教师工位上的智能家居设备。 ③ 讲解人工智能手势判断的逻辑代码。 item.hand #判断是左手还是右手 item.gesture #判断手势数字1、2、3等 ④ 讲解教师设计的中间层函数的调用方法(设置目标家居、获取设备数据值、设置设备值)。 • 如果 userId 为网关 IP,则控制硬件设计;如果 userId 为学号,则控制虚拟仿真系统。 • setDeviceValue 为设备控制函数,参数 1 为设备云变量名,参数 2 为控制状态(1 为开,0 为关)。	认真思考老师提出的问题,积极与老师互动。 认真聆听老师的讲解,观察老师演示的应用人工智能手势控制教师工位上的智能家居设备的效果。思考相关的逻辑设计原理,做好相关代码的笔记。	作者自主开发的人工智能管理系统和学生搭建的家居设备,能够方便学生体验应用人工智能手势控制智能家居设备,让学生对人工智能控制有了初步了解,更清晰地理解了人工智能手势控制的基本原理。

运行效果和参考代码如下图所示。

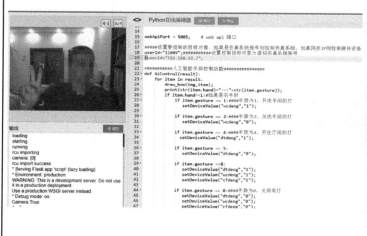 

2. 计划决策(10分钟)

教学活动(教学内容、教师活动)	学生活动	媒体资源设计意图
通过简单、明了的思维导图,让学生理解整个智能家居系统的工作流程、任务需求,明确手势控制功能的开发流程。 ① 开发任务需求分析:某客户有一套二房一厅一卫的房子,为了让客户有舒适的居住环境,需要对家居进行人工智能化改造,实现用不同手势控制家居中的各种灯。 ② 开发流程:家居搭建—设备控制测试—人工智能设计。	做好笔记,理解本课程的任务需求。根据任务要求,梳理人工智能手势控制功能的开发流程。	"学习园地"资源教学网站提供了任务需求、技术文档、项目例题以虚拟仿真系统,以为学生提供自主学习的资源环境,加深学生对开发任务需求的理解。

3. 任务实施(30分钟)

教学活动(教学内容、教师活动)	学生活动	媒体资源设计意图
① 智能家居设备搭建。 根据任务要求,搭建家居设备,如果之前搭建好的家居设备有故障不能使用,可以使用仿真系统,如下图所示。 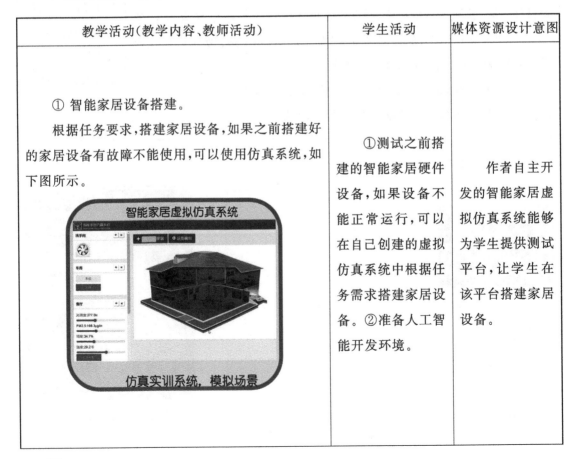	①测试之前搭建的智能家居硬件设备,如果设备不能正常运行,可以在自己创建的虚拟仿真系统中根据任务需求搭建家居设备。②准备人工智能开发环境。	作者自主开发的智能家居虚拟仿真系统能够为学生提供测试平台,让学生在该平台搭建家居设备。

② 辅导学生。 根据任务需求进行功能逻辑设计,引导学生创新设计各种手势控制功能(控制客厅、卧室、洗手间的灯),学生设计的手势控制功能不能跟教师设计的相同,如下图所示。 	小组根据任务需求,一起讨论研究,参考教师设计的例题代码,自己创新设计各种手势控制(控制客厅、卧室、洗手间的灯),并在现场进行调试。	"学习园地"资源教学网站提供了任务需求、技术文档、项目例题以及虚拟仿真系统,以为学生提供自主学习的资源环境,加深学生对开发任务需求的理解。
③ 现场评分排名。 检查各小组设计的人工智能手势控制灯光效果,从环境搭建、灯光控制、创意控制、职业素养等方面给予现场评分,如下图所示。  	完成项目需求并调试成功后,请老师现场检查并评分;评分后组长组织组员一起总结整个项目的完成情况,分析其中存在的问题,寻求解决方案,准备小组汇报。	应用作者自主开发的"课堂评分系统"可以实时记录各小组分项的得分和排名,从而激发学生的学习热情。

4. 评估展示（20分钟）

教学活动（教学内容、教师活动）	学生活动	媒体资源设计意图
① 展示各组本课程得分排名。 ② 组织各组上台汇报本小组的实训小结。 ③ 教师点评本次实训情况，分析问题的产生原因及解决思路。	① 各小组查看本组得分情况及排名。 ② 组长汇报本组的实训小结。 ③ 各组员认真听组长汇报及老师点评并做好笔记。	应用作者自主开发的"课堂评分系统"可以提高小组的协作效率，建立良性竞争，激发学生的学习热情。 小组汇报可以让老师及时了解各组的学习情况，并根据实际情况调整教学方案。

组长汇报如下图所示。

三、教学反思

创新亮点：本课程在教学过程中应用了思维导图，将教学目标、内容、重点、难点向学生清晰呈现。根据专业特色和课程需求，应用"学习园地"资源教学网站，发布新课预告及相关资讯，明确预习任务；应用智能家居教学平台开展本课程的实训任务；应用课堂评分系统实时评分，从而激发学生的学习热情。在本课程的教学过程中，学生组建了一支高效的小组长团队。小组长安排本组成员的任务分工，组织组内讨论，进行实训小结，为提高教学成效起到了非常重要的作用。学生需汇报实训任务完成情况并分享学习经验，这既培养了学生的表达、交流能力，又提升了学生的专业素养。

教学成效：各组基本能通过项目需求分析、家居设备搭建、功能代码设计、小组讨论、资料查找等过程实施人工智能手势控制智能家居设备。以一次课程为例，15 个小组中有 12 个组能按要求完成任务要求，有 3 个小组由于开发环境较差、电脑故障、网络不通等原因未能完成任务。学生在讨论中相互学习，共同进步，收获了知识，增进了友谊，培养了团结合作精神。

存在的问题：在小组学习中，由于教师会给小组实时评分进行排名，因此小组为了能取得好成绩，往往把重要任务交给能力强的同学，一些基础差、能力弱的同学的实训机会就更少了。故需要增加控制逻辑流程方面的课后作业，在下次实训教学中，组员的角色也需要互换。

改进思路：在今后定期增加对小组成员单项技能的抽查，增加成员最低成绩占小组成绩的权重，以此促进小组成员主动学习，减少躺平现象，激发成员之间互相学习的热情。

B.4 人工智能活页式工作手册

项目名称：智能家居安装与调试
任务：应用人工智能控制家居设备，让生活更舒适

组别：_____

一、项目需求情景描述

某客户有一套二房一厅一卫的房子。为了让客户有舒适的居住环境，需要对家居进行人工智能化改造，实现利用左、右手的不同手势控制各种家居设备。

二、任务实施

任务实施的步骤如下表所示。

实施步骤	内容
步骤1	体验人工智能手势控制家居系统,了解系统的构成及功能
步骤2	理解数据流程,熟悉智能家居系统的流程
步骤3	明晰任务需求,在自己创建的仿真系统中搭建家居设备
步骤4	根据任务需要,设计人工智能手势控制逻辑,实现至少能控制两个灯光
步骤5	创新设计人工智能手势控制逻辑(不能与教师设计的功能相同)
步骤6	组长组织组员一起总结整个项目的完成情况,分析存在的问题及其解决过程,准备小组汇报

三、评价反馈

学生按任务需求进行家居搭建和人工智能手势控制家居系统开发,组长根据组员能力和实训任务合理分工,实时记录本组成员完成各项任务的情况,小结整个项目的完成情况,分析其中存在的问题及其解决过程,填写实训报告,准备小组汇报。小组完成情况统计和实训报告如下表所示。

小组完成情况统计

第_____组　　　　　　　　　　　　　　组长_____

姓名	设备检查	仿真系统	基本功能	创意设计	组内小结	小组汇报

实 训 报 告

组别		班级	
实训项目			
实训内容			
完成情况			
存在的问题及其解决过程			